建筑设计的 470 个创意&发想

470 ideas and hints for architectural design

[日]每周住宅制作会 著 吴乃慧 译

上海科学技术出版社

前　言

本书是由常年举办建筑设计研讨活动的“每周住宅制作会”，依不同主题，解说不同设计观点，编辑而成。本书的使用方式，可从第一页开始逐页阅读。或依需求，查询特定的主题与分类。此外，与各主题相关的实作案例也罗列其中，可作为您建筑作品集的参考书。

本书从“每周住宅制作会”各部门曾设定的题目里，筛选出约470个主题，分成7个章节来介绍——“A形·形状，B物·材质，C现象·状态，D部位·场所，E环境·自然，F操作·动作，G概念·思潮·意识”。虽然这是常见且简单的分类，却可借由重新审视各个类别，将自己对于建筑的想法与定义重新构筑。

对于今后将从事建筑的人来说，此书将带来许多灵光一现有用的发想，在论文撰写方面也很有帮助。对于已从事建筑实务的人而言，将让停礙的思绪进一步灵活更新。如果您的事务所计划设立各部门，此书所刊载的执行实例，可成为您设立部门的参考手册。此外关于“每周住宅制作会”的活动，请参考本书之末。

希望本书能被从事各式建筑设计的同好们广泛运用，并成为迸发自由创意火花的引线！

每周住宅制作会

目录

C 现象·状态 049

D 部位·场所 075

E 环境·自然 101

F 操作·动作 117

〈每周上菜——每周住宅制作会的进行方式与重点〉

“不管何时、不管是谁，都可以轻松参加”这是每周住宅制作会的基本宗旨。但是，完全是新手的您，到底要准备些什么？要怎么样进行才好呢？以下介绍一个研习的进行实例。（感谢协助：广岛分部的广岛工业大学·村上彻研究室、石川诚等校友）

❶ 动动手再动动脑！

根据上周所设定的主题（参照步骤5），准备一下您的提案吧！在A4纸上，画出您的平面图与立面图，并写下设计概念，用1：200的缩小比例，制作出住宅模型。这是一般的提案形式，实际动手制作的时间，会花上2～4h。在这2～4h中，酝酿中的抽象构想，将一举化成具象的住宅样式。至于场地，可依据参加的人数与时间，选择适当的会场进行。除了制图室与研究室外，也可选择在酒吧或咖啡店举行。在这类开放性场地进行活动，将使参赛者因为旁人的目光，激发出更加热烈的讨论气氛。

❷ 大家一起来发表！

发表一下自己的设计提案吧！不需要限制时间，每个人将自己对主题的解读、想强调的重点、所提的想法如何落实等问题，一一清楚说明。而身为听众，则会用不同的角度，来检视每一个案子。另外，研习会上最好有一名主持人，如此不仅能让会议进行流畅，也能让大家自由发表意见。

❸ 说说自己的意见！

所有的人都提案完后，将每个案子认真地再看一遍，接着试着提出问题吧！针对提案时说明不足的地方，或是有疑问之处进行提问。提问会加深您对案子的理解：这是建筑在怎样的基地上？入住的家庭成员有谁？这样设计是为了什么？等想得到的问题都可以问。即使没有问题，也可以说说您觉得不错的地方、值得继续发展的点，以供提案者参考。

❹ 选出最好的创意！

其实，并不是所有分部都会进行最佳创意的投票。但是，通过投票，可以更加激发参加者的斗志，进而让研习会持续举办下去。无论是选出“符合主题的美丽作品”还是投给“拥有划时代创新的粗糙之作”全都由参加者自己决定。以无记名方式进行投票，将不受参加者的年龄差别与立场不同的影响，自由选出您认为的最好的创意！

❺ 决定下次的主题！

这次的提案与投票结束后，就来决定下次的主题吧！想得到的主题，大家都可以建议，并列在白板上。如果觉得这次的主题值得继续深究，也可以提议再做一次。把所有主题列出后，每人两票，举手投票选出即可。为了让大家轻松地提出有创意的主题，这时送上饮料点心供大家享用，也是不错的选择。

❻ 听听各方的意见！

若参加者永远都是同一批人，不知不觉中，观点、意见容易流于僵化。因此，偶尔邀请不同的成员与会，譬如学长学姐、建筑师前辈们、老师教授等，多听听他们不同的观点，您会发现，他们的意见很可能跟研习会投票的结果不同。当然，您也可以拿着本书，针对里面列举的主题与不同专家讨论，将有助于您更加开阔视野！

以上所列的进行方式，只是其中一个例子，不同的分部与分会有不同的进行方式与准备做法。在本书173页里，列有全日本所有分部资讯，您可实际参加研习会或是参考研习会的做法，自己组会来制作住宅。希望每周住宅制作会的种子能在各地生根发芽！

Q. 如何让所有参加者，都能自由地对话？

A. 提案者在解说提案时，尽量用容易理解的词汇来表达。虽然，学生成员会因高低年级不同，而有知识上的差别。但请抛下这些成见，一视同仁。大家还可帮自己取个小名，彼此就用小名称呼，如此一来就可以突破年龄的藩篱。另外，在讲评或意见交换的时候，舍弃负面量表的减分批评，而改用正面量表的加分赞许，会使讨论气氛自然而然热烈起来！

Q. 如何让活动持续下去？

A. 平常的工作、课业已经够繁重了，还要每周抽出时间参加研习会，实在不容易。但事在人为，透过每周的磨炼，将使设计能力渐渐提升，让你乐在其中也不嫌累，生活节奏也因此得到调整。另外一方面，可透过网页的架设或博客的经营，将研习会每周的主题、日期、出缺席情况等信息，跟成员们一起分享、彼此交流。

Q. 如何让更多人参加活动？

A. 可架设官方网站或经营官方博客，透过网络的宣传，并积极地更新新讯息，吸引更多新朋友参与。如果研习会办了好几回，累积了不少作品，也可办个作品展、与其他大学交流、甚至邀请学长或建筑师参与指导。借由更多人的参与，给研习会带来更多崭新的意见与刺激。

Q. 如何让设计功力更上一层楼？

A. 不管是在每周住宅制作会上，或是设计竞图比赛上，"如何解读题目"往往是最重要的一环。就好像打棒球一样，关键在于如何精准地打中飞过来的这颗球。请记住每次的研习会上，自己是如何切中题目的核心、交出漂亮的一击！随着提案经验的增加，提案的品质也随之提升，与同好交换意见时将更加得心应手，使设计功力进一步提升。

本页上下所引用的照片，是针对不同的主题所设计出来的住宅模型。此外，针对同一个主题，还有更多种、更多样的设计角度可切入。

A

形・形状
Shape

001 | 面的家

建筑中，存在着墙壁、地板、屋顶等各式各样的面。若说建筑是由面构成的，一点也不为过。面，为我们定义了空间里的形状与方向性。如同建筑大师密斯·凡德罗(Mies van der Rohe)与托马斯·里特维尔德(Gerrit Thomas Rietveld)一样，许多建筑师擅于借由面的组合，营造空间。面有自己的特色。要延续面，用线或用块皆无法完成。为了表现面的特色，许多情况是，在面的边缘呈现与其他物体不相连、却可独立存在的形状。空间中，"哪些是以面的形式呈现？""这些面又是如何配置？"试着整理这些问题，将是很好的训练。

002 | 点的家

平面图上，线代表墙壁，点就代表柱子。从包豪斯风格的建筑到密斯·凡德罗的作品，其平面图都可以这样解释。原本所谓的点，是用来标示位置与地点，本身没有大小之分。因此，在建筑空间的舞台上很难崭露头角。然而，若着眼于点的集合或是点与点的连接，这样改装后的点，就成了各式各样建筑设计里的常见元素。以安藤忠雄为代表的清水混凝土建筑为例，布于表面的模孔，就是以点的形式形成一种视觉重点。整齐排列的点，隐喻着严谨的美学。

003 | 英文字母的家

试着直接将英文字母变成建筑吧！英文字母里，有曲线、有直线、有直角、有钝角、有锐角。有些字可以一笔写完，有些则要交错笔画才能完成。右边这个图形，是建筑的平面图，剖面图，还是建筑内外所呈现的某种图像？就像建材中的H型钢、I型钢、T型钢依剖面后的形状来命名一样，如果将建筑相关的图形集合起来，是否可呈英文字母图像？将英文字母组合应该会产生意想不到的乐趣！

【实例】乌特列支大学 密纳尔特大楼／努特林斯·雷代克(Neutelings Riedijk)建筑事务所

乌特列支大学 密纳尔特大楼

设计：努特林斯·雷代克(Neutelings Riedijk)建筑事务所

位于荷兰乌特列支大学内，有一栋由英文字母造型为主体的醒目大楼。此建筑本身就是一个记号，显眼的设计让记号与大楼的关系一目了然。乌特列支大学内，还有其他院馆，由大都会建筑事务所(OMA)、麦肯诺事务所(Mecanoo)等世界知名事务所设计。

004 | 带状的家

所谓的带状，也可称为线性。线，具有可切断、可拉伸、可替换、可相对自由地操作等特性。了解它的特性，会让您作业起来更容易、更有效率。严格说来，带状，就是有宽度的线。平面图上，走廊呈现带状；立面图上，整排的窗户、整片切割整齐的瓷砖，也呈带状。带状物本身，不仅可以将物品捆绑住，也可将木乃伊缠卷起来，它优雅而柔软的特色，就是它魅力之所在。

005 | 线的家

不画线，不能成建筑。反之，画好线，建筑自然水到渠成。线画的好不好，大大影响建筑的好坏。若建筑图上的线画歪了，很容易让看图的人解读错误。所以建筑设计，可以说是从线开始、也从线结束。在建筑的世界里，线与图的角色不同，线不是目的，而是为了表现建筑空间而使用的方法与手段。明确的线代表着明确的意义，但若是不明确的线，将使意义变得不同。

006 | 双螺旋的家

在建筑空间中偶尔登场的双螺旋构造，很容易让人联想到DNA基因排列图。许多展望台，为了让进出动线不至混乱会设置两个楼梯：一个往上，一个往下。这种双螺旋楼梯最惊人的地方，就是让人乍看以为只有一个楼梯，其实有两个。如何做出这样的效果？精准地调整楼梯的旋转半径与天花板的高度，将是关键。双螺旋楼梯最有趣的地方，就是让往上走与往下走的人，在上下楼梯交会之处，看到彼此的移动，形成有趣的对比。

【实例】会津荣螺堂（圆通三匝堂）

会津荣螺堂（圆通三匝堂）

建于福岛县的会津若松市，是一个六角形的建筑。运用双螺旋楼梯的设计，呈现出令人印象深刻的外观，而内在复杂的螺旋空间，也非常精彩。双螺旋楼梯，创造出往上的动线与往下的动线，它们看似重叠，其实是完全不相干扰的。拜双螺旋楼梯之赐，让上上下下参拜的游客，不会因此撞成一团。

007 | 迷宫的家

迷宫让人混乱，如果建筑物设计得太复杂，也会给人如入迷宫之混乱感。许多战地要塞，就故意设计成迷宫的样子，让外敌不易入侵。像摩洛哥这个城市，整个构造就像迷宫一样。所以这种应外界刺激而采取的迷宫化设计也可应用在住宅设计上。大家可以脑力激荡一下：怎样的设计要素，会让人产生混乱感呢？走进完全一样的两个通道，是不是让您不知身在何处？来到尺寸完全一样的两个房间，是不是让您分不出这间是哪间？

008 | 实体模型的家

在3D电脑绘图的世界里，常常可见“实体模型”这个字眼。数学家欧拉发明了一系列的记述公式，将实体块状物用数学来表示。这个公式的概念是：先将块状物每一面的边，定义其方向。接着将所有相邻的面的方向逆转配置，如果能成功逆转，那么此块状物将被证明是封闭的实体。关于数学式的细节，本书不再多加着墨，但回归建筑这个主题，我们应思考：究竟实体块状物代表着什么？在电脑软件中，有所谓的“实体建模”软件。建议您精通一个以上的建模软件。

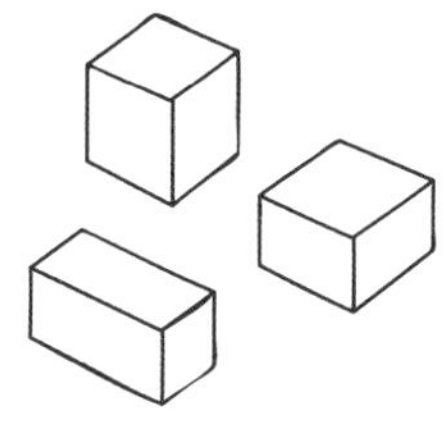

009 | 箱子的家

若将建筑做最大的简化，建筑会变成一个一个箱子。也就是说，简化后空无一物的空间，形式就像箱子一样。即使是箱子，也会因为比例的好坏而产生不同的结果。如果把房间看成箱子，每个房间的配置，就可以用箱子的角度来检视。就像小孩玩积木一样，用大胆而自由的心情，来检讨空间应该如何配置，将会产生意想不到的成效。

【实例】最小限住居／增泽洵

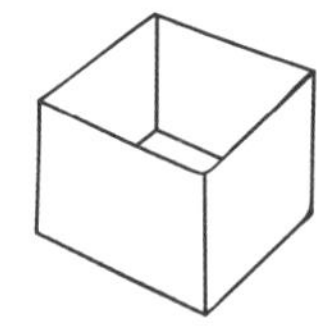

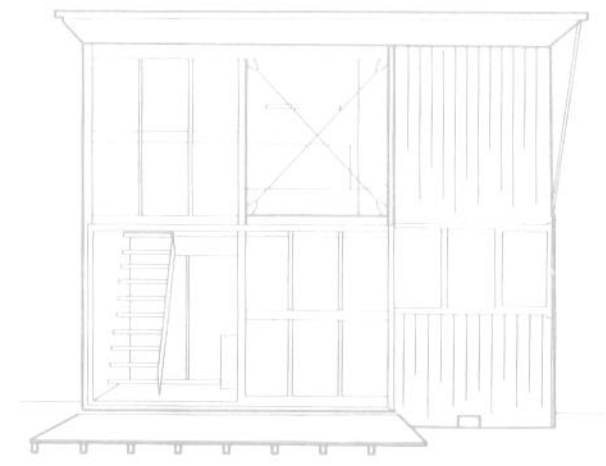

最小限住居

设计：增泽洵

这是二战后，对住宅业界影响甚大的建筑家的自宅。即使是坪数狭小的两层楼建筑，也能利用挑高空间的设计，创造出舒适的氛围，实现“箱子虽小，五脏俱全”的生活主义。这栋建筑被昵称为“9坪小屋”，到现在仍被当作小坪数住宅的理想参考。

010 颗粒的家

在日本，有许多颗粒状的食物，像稻米、芝麻、大豆等。而建筑中，像粗砂、石砾等这类颗粒状的表面饰材，随处可见。就拿洗石子来说，利用喷枪喷水所洗出的粒状石子面，呈现朴实而粗犷的表情。一粒粒的颗粒物与一团团的块状体营造出不同的氛围与触感，世上所有的东西，若将它打碎，都会变成颗粒。不管再怎么庞大的东西，都是由小小圆圆的颗粒组成，即使是高挂天上的星星，也是颗粒。要拿捏好颗粒这个设计元素，可将众多颗粒集合成一片来表现。

011 基地形状的家

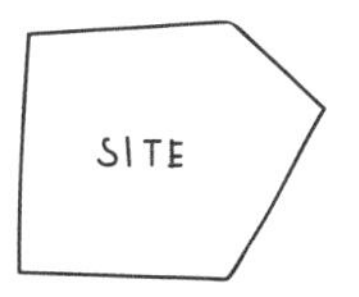

建筑中，存在着各式各样的基地形状：正四角形、细长形、旗杆形、三角形等。为什么基地形状被切割成如此不完整？往往是因为周边状况等各种因素，而有所影响。所以在画出基地范围时，必须先厘清这个问题。例如，在区域规划时，此区新开了一条对角线通过的马路，造成基地形状改变。或是像自然因素造成的不完整，例如河川流经基地或山崖基地等。

012 3D曲面的家

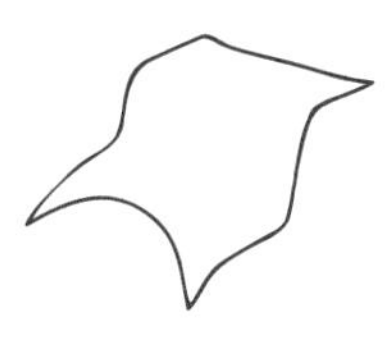

所谓3D曲面，与2D曲面不同，是从 x、y、z 三个轴向去做自由变形而产生的曲面。近来，由于NURBS建模技术的进步，让电脑能更严密地定义3D曲面。市面上许多3D、CAD软件，其中也有擅长表现3D曲面的。这类软件技术，原本是用于车体的设计，之后也有用于环境地貌的表现，近来才大量运用于建筑造型上。现代建筑师中，以善用3D曲面来丰富建筑的表情的弗兰克·盖里(Frank Owen Gehry)最具代表。您可以在这里发现更多新奇的可能性！

【实例】毕尔巴鄂 古根海姆博物馆／弗兰克·盖里(Frank Owen Gehry)

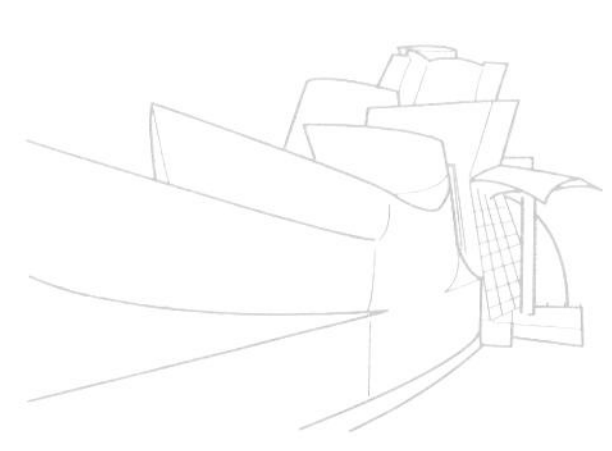

毕尔巴鄂　古根海姆博物馆

设计：弗兰克·盖里(Frank Owen Gehry)

建于西班牙的毕尔包，是代表20世纪的重要博物馆。当初默默无名的毕尔巴鄂市，因为这个美术馆，摇身一变成了世界知名的观光胜地。建筑师盖里运用先进的计算机绘图技术，赋予美术馆独树一格的造型，让内部外部都被立体曲面所包覆。这个美术馆的完成，不仅值得喝彩，建造过程中，模型与计算机绘图间的修改重制，更值得学习。

013 | 网格的家

3D形状，可用点的集合来捕捉。若这些点连接后，形成许多三角形的面，我们称之为3D网格。3D网格的出现，始于初期3D技术的不发达，让原本应该画得很平顺很流线的3D曲面，画成了一格一格。现在，运算技术虽然进步了，但若优先考虑运算效率的话，许多建筑师还是舍弃曲面，改采网格设计。具有网格元素的建筑设计比比皆是，网格不仅有三角形的，也有五角形或六角形等形式，大家可以着手设计看看。

参考：球形圆顶／理查德·巴克明斯特·富勒(Richard Buckminster Fuller)

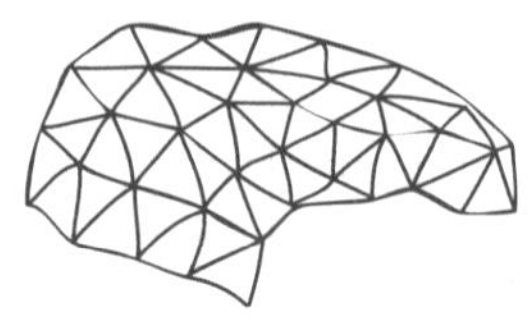

014 | 轨迹的家

所有人、事、物所历经的路，称之为轨迹。追踪人的行为轨迹来检讨空间如何设计，也是建筑技法之一。试着用完全不同的行为轨迹，套用在同一个建筑物上面，这时候墙壁是不是要改？楼地板这样规划好吗？天花板设计是否适当？为了符合行为轨迹，建筑设计势必重新洗牌。面对画有等高线地形图的建筑图，如何师法大自然的星星与太阳追踪轨迹的态度，为设计开一扇窗？发掘日常生活中一直被忽略的生活轨迹，说不定就能让您创造出崭新的住宅！

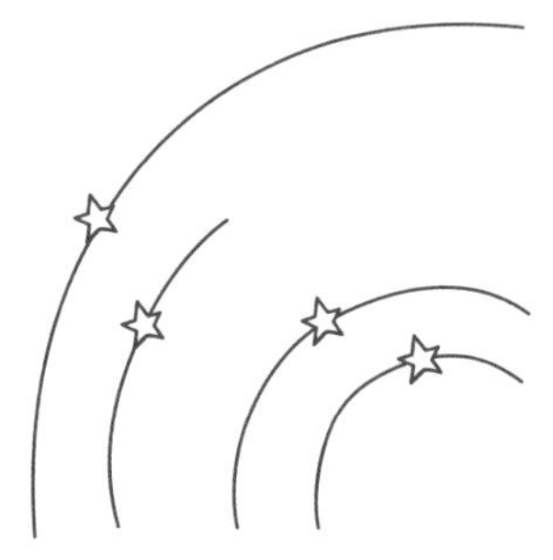

015 | 锯齿的家

锯齿状，大可代表九弯十八拐的陡斜山路，小可说明锯子刀刃前端的形状。锯齿状的建筑，给人视觉上的不快感；弯折的形象，带出动态、不稳定的氛围。锯齿状运用在设计上，会产生以下的效果：距离变遥远了，方向变多也变复杂。小地方运用即能产生强烈效果。

【实例】柏林　犹太人纪念馆／丹尼尔·里布斯金(Daniel Libeskind)

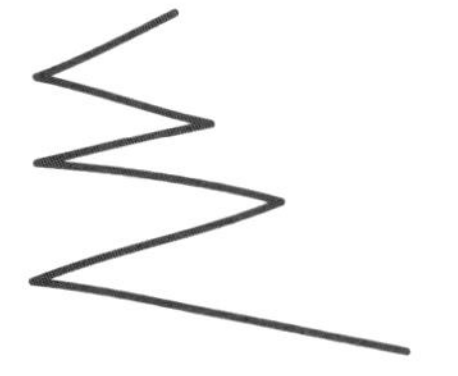

柏林　犹太人纪念馆

设计：丹尼尔·里布斯金(Daniel Libeskind)

这个展示犹太文化的博物馆，建于德国柏林，整个建筑的鸟瞰图呈现锯齿状，建筑外观由钛锌金属片覆盖。此建筑本身没有对外的出入口，而是透过地下室的通道，与隔壁大楼连接，才得进出。建筑内部配置着许多如裂痕般的斜切开口，再次强化锯齿状所带来强烈而尖锐的印象。

016 | 虚线的家

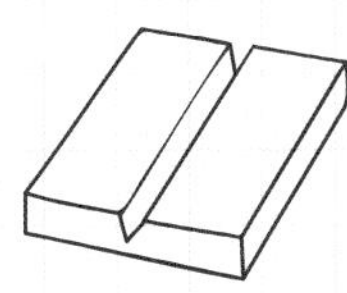

虚线，代表微弱的存在感。在建筑图上，虚线用来表现“眼前看不到却实际存在”的物体。在建筑的世界里，中心线与地界线呈现虚线；挑高空间也用虚线来表现。另外，虚线也用来标示像移动式的隔间这种“时而存在、时而不存在”的东西。虚线在建筑中扮演什么样的角色？要如何处理虚线这种微弱的存在感？值得你我去思考。

017 | 沟的家

沟是一种凹槽形状，字面意思是指“水流过的凹形隙缝”。在建筑物周围与基地的边界所配置的侧沟、入口处脚下所配管的下水道，或是浴室的排水设备，都叫作沟。广义来说，沟也可以指凹状的东西，像推拉门的滑轨沟道、区分不同面饰材质所留的沟缝、为了装饰而特地做出来的沟缝，都称之为沟。细部工法上，沟的设计，让互相接合的两个材质更紧密无缝地咬合在一起。

018 | 金字塔的家

金字塔，呈现四角锥形状。这个形状，跟球状物一样，非常具有视觉震撼。因此，要处理这个形状必须非常小心，以免弄巧成拙。如果好好地利用这个笔墨难以形容的震撼感，将会创造出划时代的代表性建筑。试着将建筑物的屋顶部分画成三角形，再勾勒出金字塔的外观，建筑物是不是马上就有了戏剧张力呢？

【实例】卢浮宫美术馆改建计划／贝聿铭

卢浮宫美术馆改建计划

设计：贝聿铭

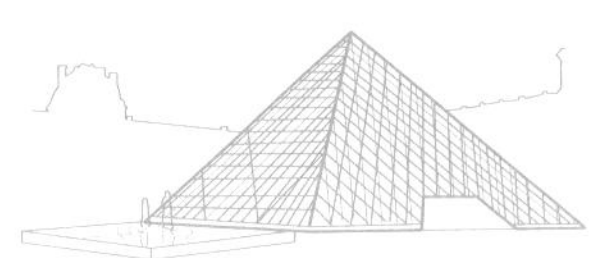

在法国巴黎的卢浮宫美术馆入口空间，盖了一座美丽的玻璃金字塔。这个改建计划，大胆地采用风格强烈的金字塔造型，让一向重视历史古都景观的巴黎市民一开始极力地抗议与批评。今天，这座金字塔成了巴黎的代表性地标。由下往上仰望，可以看到美丽的倒金字塔，是世界少有的玻璃空间设计奇观。

019 | 碗的家

建筑就像碗，一个能装得下事先要求的东西的碗。碗的造型各异，有大有小，有深有浅。另外，碗具有优美的形状、表面的表情、手摸的触感，可用不同的角度来欣赏。若将碗整齐排列，会产生另一种美感。经过时间的淬炼，碗的表面出现独特的裂痕，又是另一种魅力。希望建筑物就像碗一样，让美好的魅力越陈越香。

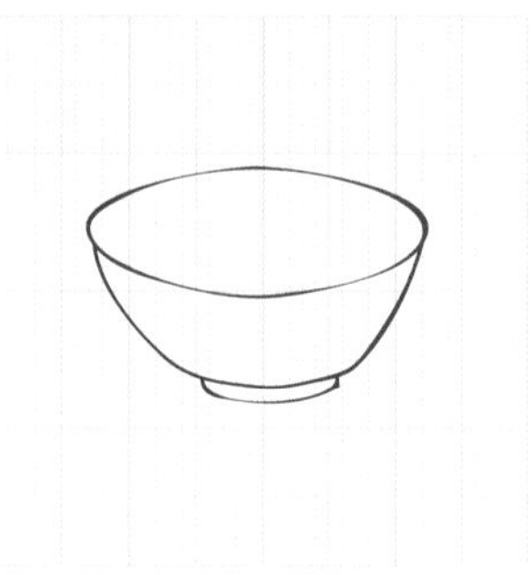

020 | 笼子的家

建筑，可说是一个笼子，也可说是一个牢栅，其区别在于，住在里面的人是用什么心境看待。身在建筑中的你，想往外走却被阻挠，这个建筑就成了你的牢栅；反之，为了躲避敌人，而躲进建筑中自我保护，这个建筑就像你的笼子。从古至今，建筑不只是为了提供舒适的居住空间而存在。像监牢、牢狱等，也是一种建筑。最近，也有不少建筑在外墙设计上，运用网格状构造来营造笼子意象。

参考：北京奥运主场馆鸟巢／赫尔佐格和德梅隆(Herzog & de Meuron)

021 | 网子的家

所谓的网子，是用纤维状的线，依着一定的间隙，编织而成。可编成简单的格子状，也可编出复杂的造型。格状的网子，除了出现在渔民的渔网上，在许多地方都看得到。像建筑中的纱门、栅栏、水平垂直交错互绑的钢筋，大片的网格状构造等，要表现自然而抽象的形状时，都会用网子来呈现。服装设计的世界里，像网袜这种展现立体感与性感的素材，也扮演着举足轻重的角色。

【实例】PRADA青山店／赫尔佐格和德梅隆(Herzog & de Meuron)

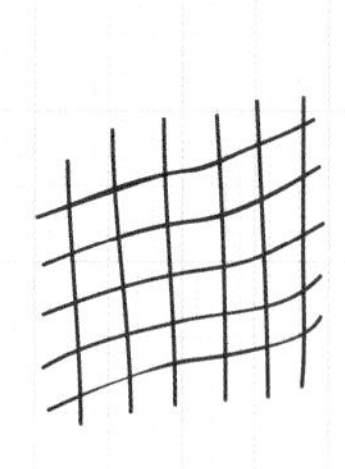

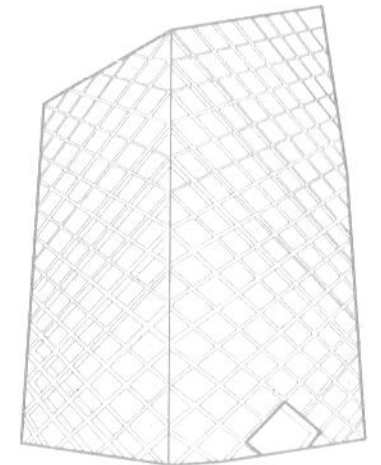

PRADA青山旗舰店

设计：赫尔佐格和德梅隆(Herzog & de Meuron)

为了东京青山的展店计划，PRADA特地邀请世界知名建筑师来操刀。此建筑整体构造由菱格网状的支架支撑，给人性感的印象。而像鱼鳞一样一片一片光滑的曲面玻璃，镶嵌在菱格网上，非常特别。若将这个美丽的珠宝盒，从菱格网状处剖开，窥视内部空间的配置，也会非常精彩。到了夜里，内部灯光一打，菱格网状的轮廓更加醒目，犹如娇艳的美人鱼。

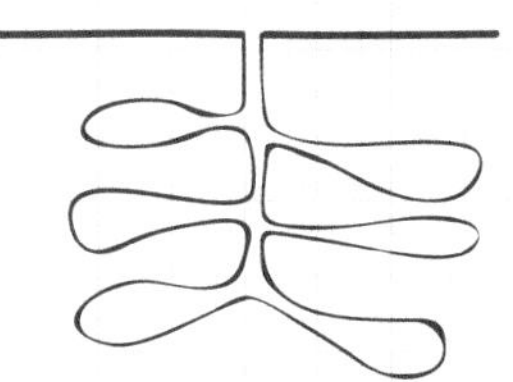

022 | 巢的家

记得小时候，透过透明压克力箱子，来观察蚂蚁筑巢。看着蚁巢的剖面，蚂蚁们辛苦地往两边开拓、往下筑屋，那精神真叫人佩服。人类盖房子的方式虽然跟蚂蚁大大不同，但蚂蚁的精神却教了我们许多。同样地，每种动物有各自的筑巢方式，透过这些方式来检讨我们的居所，应该会激荡出有趣的火花。人类说不定和其他动物一样，遗传基因里天生就会盖房子，不需后天学习。如果是这样，你我身体里都藏着一个建筑家！

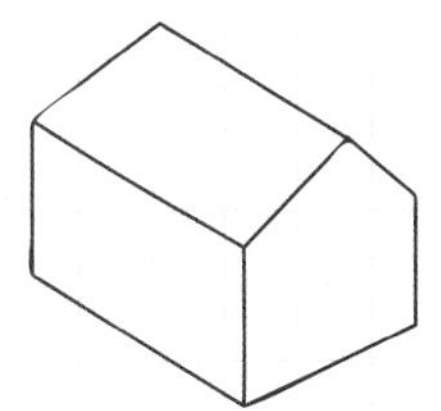

023 | 双斜屋顶的家

拥有双斜屋顶的房子，房屋正面最具特色，因为这个正面造型就是一般公认的标准房屋形式。这个形式，归功于特殊的屋顶设计。屋顶之所以这样设计，是考虑到下雨天不让雨水积在屋顶；也考虑到大热天，屋顶下的三角空间让热气有了消散之处。今天，这个特殊的形式已经演变成大家公认的“家的形态”，如果叫小孩子画一个家，大部分都会画出这种双斜屋顶的家。

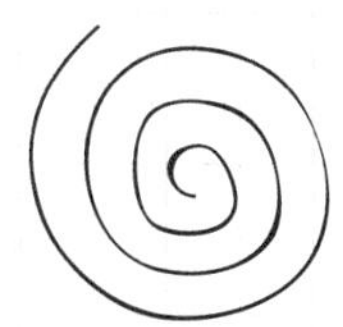

024 | 漩涡的家

漩涡状的造型，适合用于建筑上吗？从古至今，从都市计划到美术馆扩展项目，到处可见漩涡造型的应用。漩涡有两种：向内发展的漩涡与向外发展的漩涡。其实比较少见漩涡造型直接设计于建筑外观，而是比较常见于装饰细部的造型应用。

【实例】日本国立西洋美术馆／勒·柯布西耶 Le Corbusier（本馆）／前田国男（新馆）

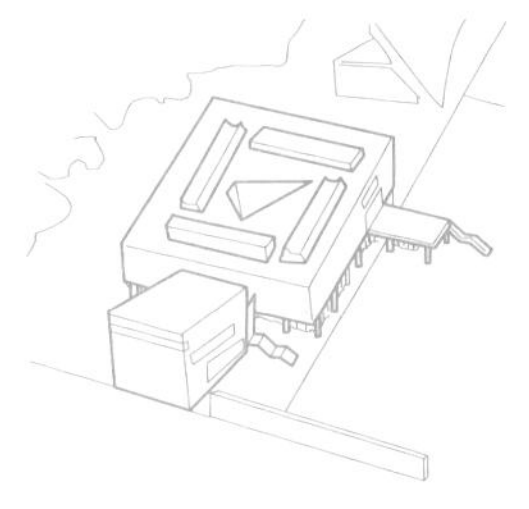

日本国立西洋美术馆

设计：勒·柯布西耶／前田国男（新馆）

这个位于东京上野的美术馆，是日本唯一由建筑大师柯布西耶所设计的建筑。从构想草图来看，一开始设计就特别强调漩涡的意象。此建筑物最重要的概念，是以螺贝那样的漩涡造型为参考，空间由内向外渐渐扩张。

025 | 扇形的家

扇形，是一种吉利的形状，像八这个字一样前窄后宽，尾端的宽幅可无限扩大。裙子，就可说是一种扇形。双斜屋顶从某种角度来看，也呈扇形。但扇形一般是指：带有圆圆的弧度较为宽广的那一端。试着挑战一下这个具有对照特性的形状，让扇形在建筑平面或建筑立面中淋漓尽致地展现。

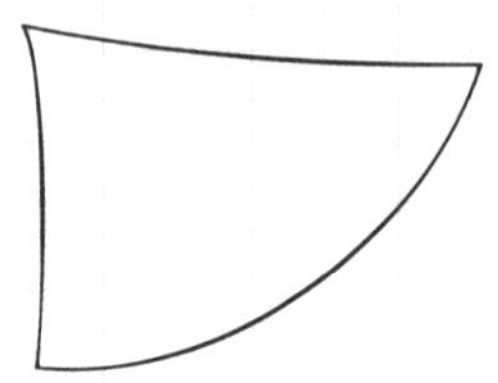

026 | 折形的家

将一张纸对折，对折处会出现折痕。想想看还有什么样的折法，会产生一样的折痕？假定纸有分上下，那么沿着同一个折痕向上折或向下折，自然会产生“谷折形”或“山折形”。虽然向上折与向下折是完全相反的折法，如果将它们组合在一起，将会产生精彩的折纸效果。建筑的世界里，屋顶也有“谷折形”与“山折形”这两种形式，这些形式主要着眼于防雨功能，屋顶建材中的“折板”，就是将铁板折成山谷与山形样式。别看它小小一块不起眼，它可是运用在许多地方的重要的构造材料。

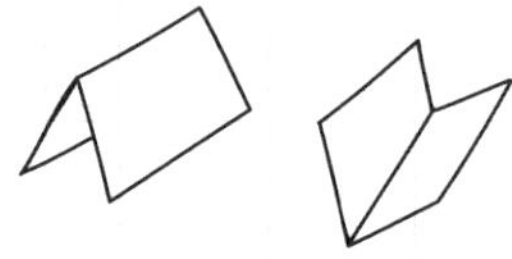

027 | 螺旋的家

说到螺旋，在建筑中最常出现的，首推螺旋楼梯。螺旋，是朝着 z 轴方向，用一定的速度，不停地旋转所产生的轨迹。螺旋楼梯的有趣之处在于一边旋转一边移动的同时，视野也随之360° 改变。若在室内装上一座螺旋楼梯，这个楼梯的特殊外型除了会成为这栋建筑里最醒目的地方外，还会营造出动态的空间氛围！

【实例】所罗门古根海姆美术馆 / 弗兰克 · 劳埃德 · 赖特(Frank Lloyd Wright)

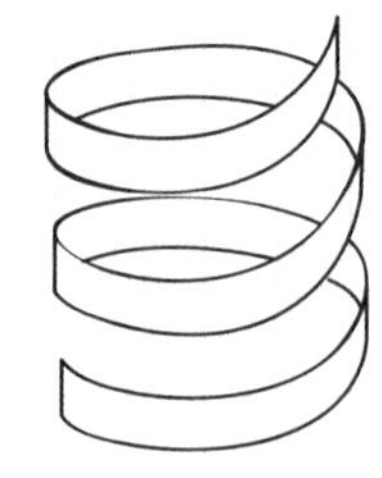

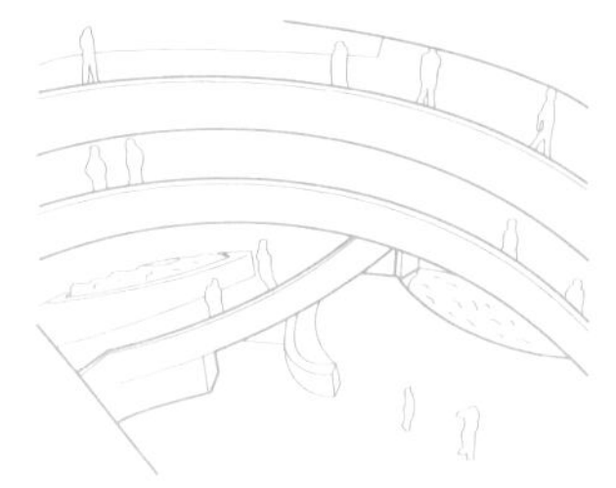

所罗门古根海姆美术馆

设计：弗兰克 · 劳埃德 · 赖特(Frank Lloyd Wright)

纽约市最著名的近代美术馆。建筑物中央是一个宽广的挑高空间，而围绕着挑高空间的螺旋楼梯不仅是动线空间，也是展示空间。在这里，建议的参观动线是：坐电梯到最顶层，然后沿着螺旋楼梯往下走，一边走一边参观。

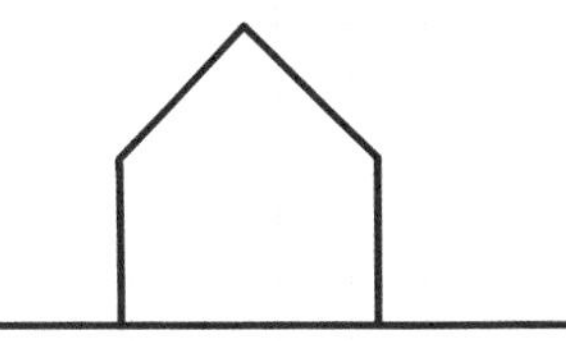

028 | 不定形的家

为了符合周边形形色色的条件与要求，无法被定形的建筑，因而产生。如果条件越特异，不定形的建筑也就越显得特异。材料也有不定形的，像黏土、泥浆、软橡胶等。有些不定形指的是：压力解除后物体回复到原来的形状，但无法回复到原来的形状的，也叫作不定形。另外，物体形状刻刻变化的，也是不定形的一种。定形的东西给人规律而正确的形象；但不定形的东西，却带来一种冒险且不安定的魅力。

029 | 莫比乌斯带的家

莫比乌斯带，是将一个长纸条的一端旋转180°后，粘上另一端之后轻而易举就制作出来。莫比乌斯带具有不可思议的内外相连特性，为许多艺术家提供了灵感。如果我们沿着莫比乌斯带的表面往前走，不知不觉就走到带子内面，接着又回到了表面，仿佛进入异次元空间一样。运用这种具有异次元特质的形状在建筑上，应该会比运用三次元的形状，更加创新。但是切记：不要让思考陷入莫比乌斯带的循环，转都转不出来！

参考：莫比乌斯住宅／范柏克（Ben van Berkel）

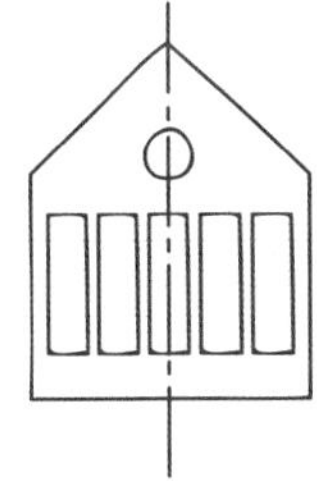

030 | 对称的家

对称，大致区分成两种：一种是线的对称，另一种是点的对称。所谓线的对称，是以轴线为中心将影像反转。所谓点的对称，则是以点为中心将影像反转。建筑学上，从古至今都很重视对称，因为对称所带来的整齐与美观，让建筑配置更具吸引力。其实举目所及的大自然，到处隐含着对称之美。东西对不对称，渐渐成为一种审美标准。但太过拘泥于对称的表现，容易给人呆板单调的印象！

【实例】中山公馆／矶崎新

中山公馆

设计：矶崎新

这是1964年的作品。为了满足诊疗所与个人住家的双重功能，在近乎正方形的基地上，搭建了两层楼高的钢筋混凝土结构的住宅。住宅外围的角落，设置了正方形箱子，而住宅中央上方，也设置了4个箱型物，通过此将自然光线引入。这栋建筑最大的特色就是外观上由大大小小的正方形对称配置而成。至于内部，为了更弹性地适应生活需求，将家具与隔间设计作了更用心的安排。

031 | 8字形的家

8字形，不是单纯的圈圈，而是圈圈在自己与自己交错后所产生的封闭形状。原本想要画圆的笔尖，转了一个弯，就画成了8字形的两个区域。8字形的交错之处，是立体交错，还是平面交错呢？不同的交错，将产生不同的空间。可以直接将8字形运用在你我看得到的设计上；或是将眼睛看不到的8字形的动线或空气流动间接考虑在设计上，应该更有趣！

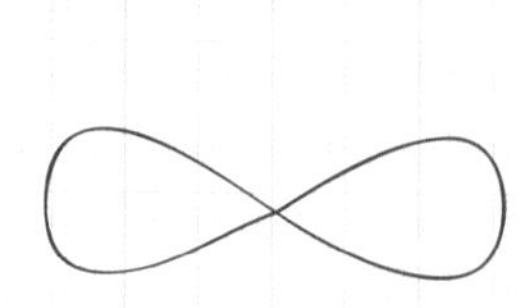

032 | 球的家

从各种球类竞赛的球，到地球、原子，各种圆球形的物体都叫作球。想想看，房子如果盖成一个球体，到底要如何住人呢？因为没有平整的面，其实是很难居住的。即使如此，我们还是大胆来想想球体建筑的可能性吧！建筑呈现一个巨大的球形，或是数个大小不同的球形集合都可以。说到球的特征，它圆圆的外形，从哪个角度看都一样而且完全无缝。

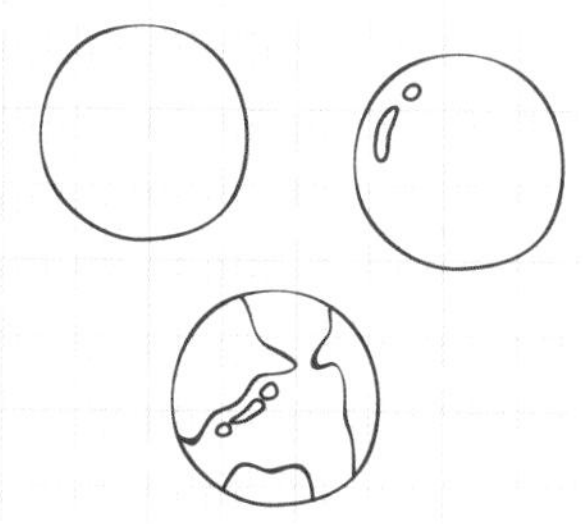

033 | 拱顶的家

拱顶，常见于中世纪的西洋建筑中，与鱼板造型有异曲同工之妙。透过轴力压缩而成的拱顶，是一种合理的构造形式。这种构造，常用于土木工程中的构造工程，在建筑中，常用于大空间的营造与薄屋顶的设计。此外，由于墙壁与天花板连在一起，所以墙壁与天花板的角色界定变模糊了，整个氛围就像洞窟一样。近年来，出现不少应用这个形式所表现的建筑。让我们一起来发掘拱顶形式的更多可能！

【实例】金贝尔美术馆／路易斯·康（Louis Isadore Kahn）

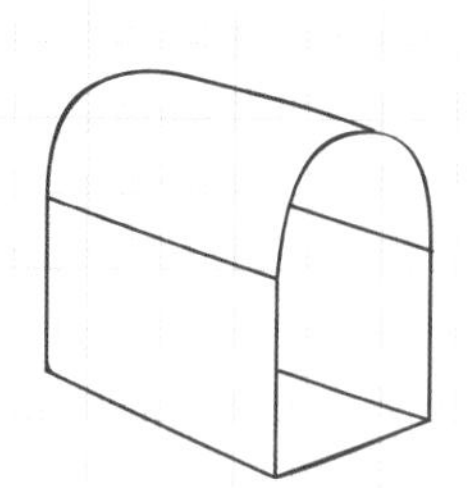

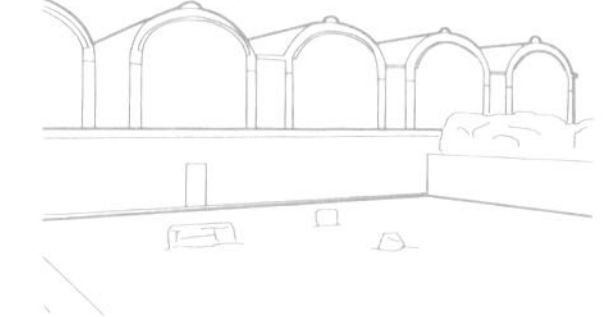

金贝尔美术馆

设计：路易斯·康（Louis Isadore Kahn）

这个美术馆位于德州沃斯堡，是为了展示艺术收藏家金贝尔夫妇的收藏而建。外型由鱼板造型的拱状屋顶一个一个连续排列而成，成了美术馆的招牌。拱顶的顶部也是光源的所在。清水混凝土材质的拱顶天花板，将顶部所引进的自然光柔和而均匀地晕染开来。

034 | 洞的家

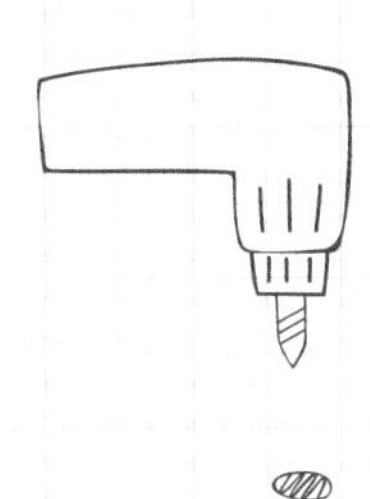

穴这个字，严格来说有洞与孔两层含意。孔与洞差别在于：孔，是从这一头挖穿到那一头；而洞，只是从这一头挖一个洞而已。分类学上，甜甜圈的孔也被视为是一种洞。在没有建筑的古老年代，洞穴，就是人类的栖身之所，又分成直式洞穴住居与横式洞穴住居。建筑物中，窗户或通风口就是一种洞的表现。材料中，冲孔网与有孔板上，不难发现洞的存在。如何用洞来盖一个家？外观呈现一个大洞也好、呈现很多小洞也可以，布满洞的设计的建筑外观，视觉上会带来令人意外的轻盈感。

035 | 孔的家

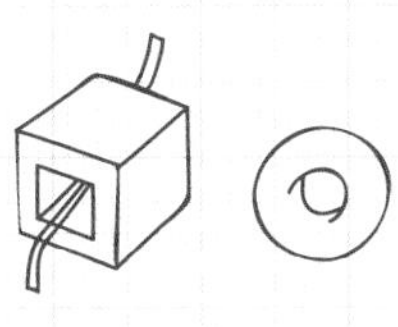

孔，是将立体的块状物挖穿，从这个挖穿的地方，可以用线穿过。孔如果挖得比较深，就成了隧道；如果挖的比较大，就成了戒指；如果挖的更大，就成了甜甜圈。随着孔越挖越大，图（前图）与地（背景）的关系就变得不易界定，孔应该要多大多深呢？双面开窗的房间，像不像一个拥有立体的孔的立体箱子呢？

参考：法国国立图书馆竞图案／大都会建筑事务所（OMA）

036 | 方形的家

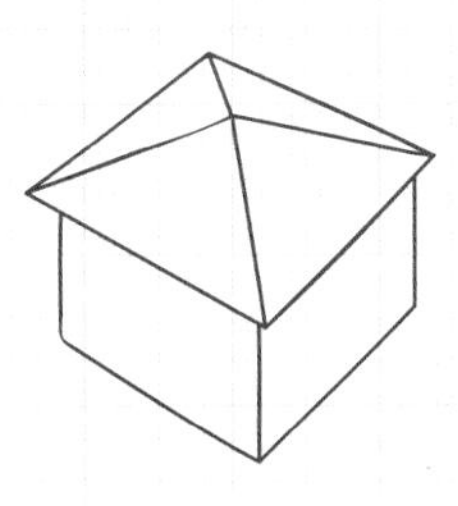

屋顶的平面如果呈现正方形，这个屋顶将给人安定的感觉。在中央高周围低的地形上，如果在中央盖了一个方形屋顶的家，视觉上这个房子会给人“不会太高”的错觉。这是因为从外面的各种角度来看，都看到一样的斜屋顶。这种方形屋顶若应用在矮小建筑上，就好像一把大伞罩在头顶一样，给人强烈的视觉印象。

【实例】正方形小屋／乾久美子

正方形小屋

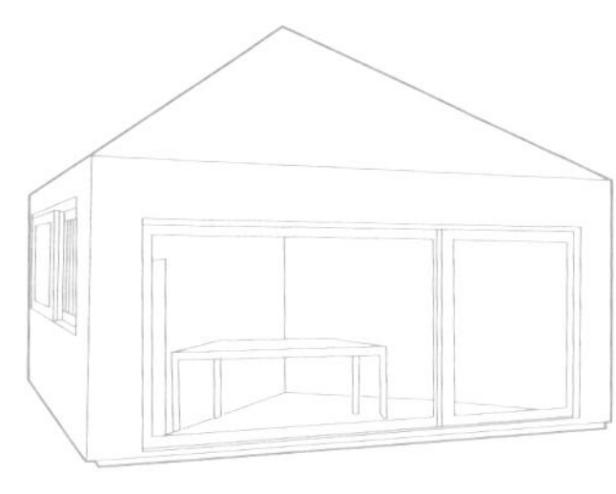

设计：乾久美子

这个小屋是一栋小型扩建物，附属于轻井泽别墅区里的一栋别墅。在正方形的基地上，盖了这个拥有正方形屋顶与正方形外观的小屋。内部的隔间墙，沿着方形的对角线而设，方形的空间于是被切割出4个三角形房间。每个房间的开口高度都不同，从这个房间走到那个房间，会让人产生大异其趣的空间体验。

037 | HP曲面的家

HP曲面听起来相当复杂，其实从以前就被广泛地运用在建筑上。由许多线集合而成的HP曲面，可用毛线等线状物轻松做成。要熟悉这个造型，除了花时间研究HP曲面的特征外，更建议直接动手，将这个造型应用在屋顶等构造上。虽然HP曲面给人扭曲的印象，但其实沿着曲面的纵向切一刀，切出来的断面不是曲线，而是直线！

参考：东京圣玛利亚大教堂／丹下健三

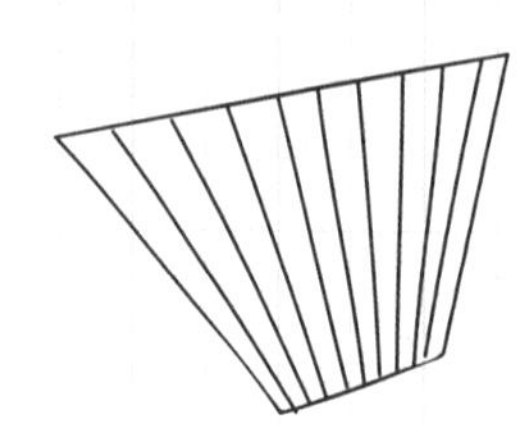

038 | 双曲线的家

双曲线，与圆锥曲线是同类，由于使用起来都受到相当多的限制，所以至今应用不多。数学上，双曲线具有焦点这个特质，与椭圆的特质非常相似。不同于一般曲线是从点相连而成一条连续曲线，双曲线最大的特征是：它是相对的不相连的曲线。建筑范畴中的日影曲线就是一种双曲线。它是随着太阳的移动而呈现出的双曲线。观察日影曲线的每日变化，说不定会带给你惊奇的发现。

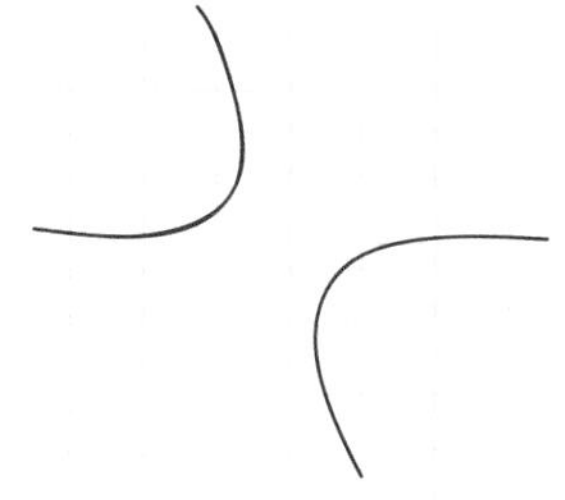

039 | 膨胀的家

膨胀，也可以说是凸出。这里我们选择用“膨胀”这个字眼，是因为它细微处的小变化也能产生丰富的表情。膨胀与凸出最大的不同在于：凸出是突发的变化，而膨胀是潜移默化的改变，就像将空气慢慢吹进气球里一样。气球可以说是膨胀形象的最佳代言人。

【实例】SH屋／中村拓志

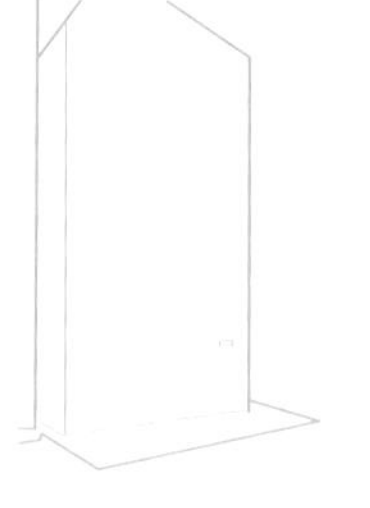

SH屋

设计：中村拓志

这是建于住宅区的个人住宅。此建筑面对马路的那一面墙，设计封闭却凸出一块，像极了孕妇挺着大肚子。这个洁白平滑的抽象墙面冒出了圆圆的东西，像是有生命似的，令人印象深刻。膨胀处的内部，其实是一个小小的休憩空间。建筑内部的装潢非常强调柔和舒适。

040 | 抛物线的家

抛物线，如同字面的意思一样，是指抛出东西时所产生的曲线。当然，实际上遇到空气阻力的话，抛物曲线会有些许改变。即使如此，抛物线通常都是以一种轻快、自然、让人看了心情愉悦的形式现身。用数学的角度来定义的话，可以把它视为圆锥曲线的一种，数学式可用线的2次方来表示。应用拥有抛物面的"小耳朵"，能轻易将电波与光波收集在一个点，这是抛物面的最大特征。

041 | 悬垂曲线的家

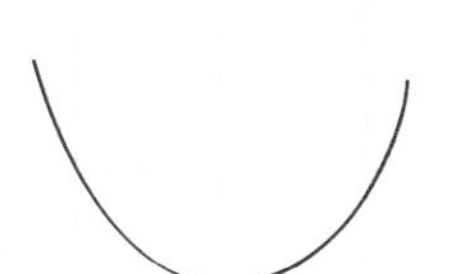

悬垂曲线与圆锥曲线不同，是由自然界的物理特性衍生而来。例如所谓的"下垂形态"，就是普遍存在于大自然的一种状态。而松弛的布或拉长的线，自然而然就会形成悬垂。物体的弯曲，也被视为悬垂曲线的一种。悬垂状态会因拉力的大小而不同，因而也产生不同的氛围。悬垂的越厉害，就代表重力越大。建筑中，高迪的"倒悬垂模式"，举世闻名。

参考：奎尔教堂 / 安东尼·高迪(Antoni Gaudí)

042 | 分枝的家

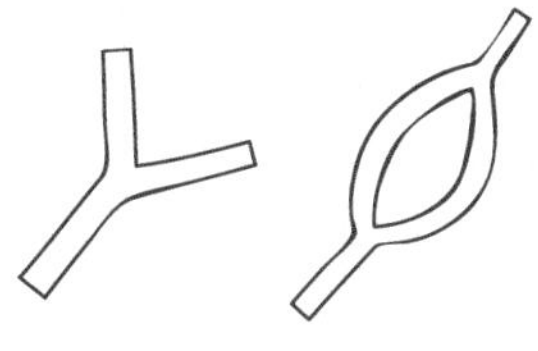

分枝，虽然无法用数学的关系理论来表示，但在分类学中，却扮演着重要的角色(图表理论)。如何得知有多少分枝、合流？透过数学的方式整理一下，就能理解。分枝有可能像树形图一样扩张下去，例如：分枝的地方又长出其他分枝；分枝也可能因为生长方向不同，枝芽又长回到原来的地方。现实生活中，道路与走廊就像分枝一样，如何让分枝的存在创造出空间效益，是你我思考的重点。

【实例】Y形屋 / 斯蒂文·霍尔(Steven Holl)

Y形屋

设计：斯蒂文·霍尔(Steven Holl)

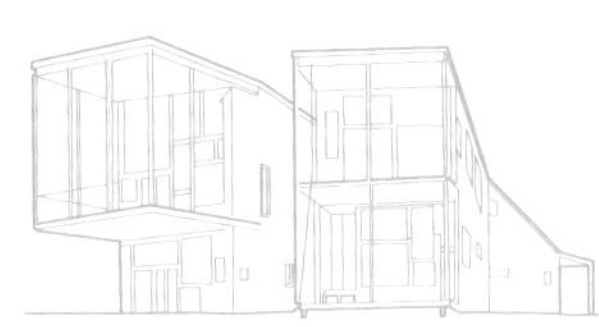

这个矗立于绿树间的铁红色个人住宅，外观如其名，就是一个一目了然的Y形树枝造型。空间随着Y形树枝的岔开被分成两边，枝头的部分是两层楼建筑，设有倾斜屋顶，在地板高度、天花板高度、开口的形状等处，都添加了不少设计巧思。

043 | 克莱因瓶的家

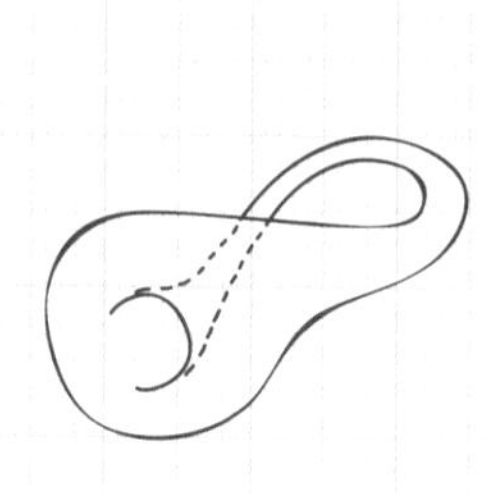

克莱因瓶，是拓扑学的产物，是莫比乌斯带的3D进化版。克莱因瓶是一个封闭的曲面，曲面无内外之分，是内外相连的。许多书为了说明克莱因瓶，会用3D图来呈现，出现了瓶颈和瓶身看似相交的结果。事实上，克莱因瓶是一个在四度空间中才可能正确表现的曲面。这种相邻空间互相交缠却又不分内外的克莱因瓶特性，值得作为建筑的一个课题去检讨内外空间的暧昧定义问题。

近义词：莫比乌斯带

044 | 打结的家

绳线纠结在一起，就形成了结。结有各种形式：绳与绳打成的结、绳子绑在板子或棒子上所成的结等。将绳子打好结，就能将东西固定好，搬运起东西来变得更轻松。如何打出各式各样的结？可参考专门的手作书籍。拓扑学上，三度空间中纠结在一起的结，在四度空间中却是解开的状态。想想打结与二度、三度，甚至是四度空间的关系，会让您创造出更多空间的可能。

045 | 家型的家

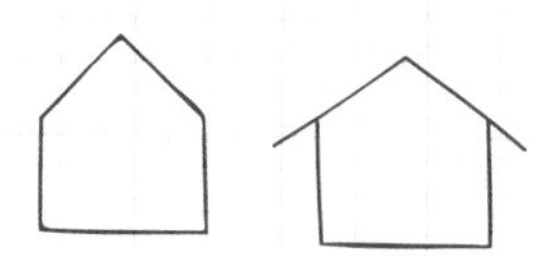

家型，就是将家的形象简化，形成一个家的图标，这是一种建筑用语。图标化后的家，呈现一个像棒球场本垒板的倒五角形，用这么一个简单的五角形轻松呈现出大家所认知的家。建筑上，为了表现家的氛围，故意在外观上采用"家型"来强化其设计概念。这种"家型"就像小孩涂鸦所画出来的家，给人亲切又可爱的印象。如何演绎这个形象？在建筑设计上，家型设计是一条值得开发的路。

【实例】坂田山附的家／坂本一成

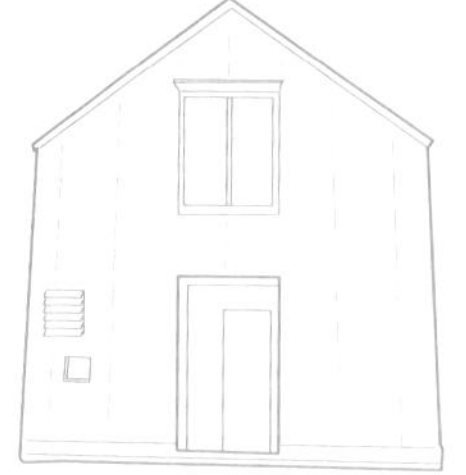

坂田山附的家

设计：坂本一成

建于1978年的个人住宅。房子的正面呈现标准的"家型"，外观全部统一用银色呈现，而内部则统一用木质合板来表现，整个设计简洁有力。"家型"外观具有强烈的图标意象，让人印象深刻。这位建筑师一连串的家型设计作品中，此建筑是最具代表性的"家型"之作。

046 | 高空翻转的家

高空翻转，顾名思义，就是在天上翻过来转一圈的意思。由于建筑物受重力支配，要盖出如高空翻转般的建筑物实在困难。但是，像云霄飞车这样的游乐设施就能做出高空翻转的效果，让人体会其快感。如果在天空上，盖一个会旋转的建筑应该相当有趣。该怎么做呢？打破天、地、壁的区别，尽量将建物内部的表面积用于地板面积上，让小空间也有大表情；或是让对外开窗开门的位置可以变动。这种种的设计，虽然无法实际做到高空翻转，但可以做出如同高空翻转所带给人的血脉喷张的效果。

参考：法国国立图书馆竞图案／大都会建筑事务所(OMA)

047 | 波形的家

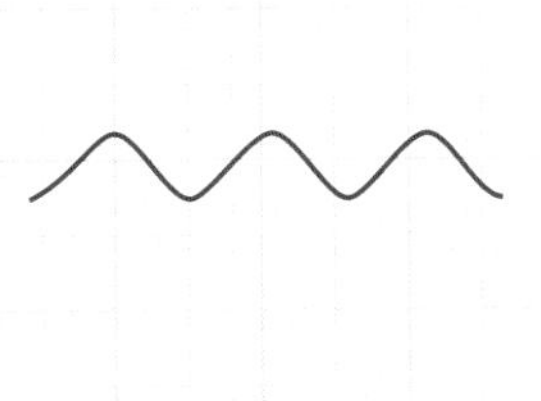

如何将波形应用在建筑上？其实建筑，具有控制自然界波动的功能，像音波或光波(光线或紫外线)等，会随着建物内部人的需要，调节其强弱、有无。说到建材中的波形，要算是"波浪板"最为普及。这个广为使用的建材，为什么给人便宜的感觉呢？为了压出波的形状，板材必须轻薄，这个轻薄感造成了令人不乐见的结果。研究波的性质，去发现：怎样可以干扰波动？波如何在障碍物的阻隔下进行反射？这将是很有趣的研究。

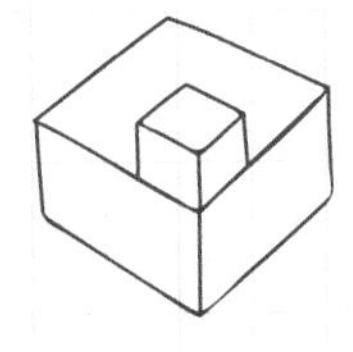

048 | 箱中有箱的家

所谓箱中有箱，英文用box-in-box来表现，顾名思义，就是像拆礼物一样，打开盒子发现里面还有一个盒子。这个概念运用在空间设计上，会营造出极简但却多变的风貌。如果实际到箱中有箱的建筑物里体验一下，你会惊觉它有着令人难以想象的复杂。层层的设计、相邻空间的堆叠，营造出一种遥远的距离感。箱中有箱的建筑所带来的惊喜，就像打开俄罗斯娃娃一样，大娃娃里有小娃娃，小娃娃里还藏着更小的娃娃！善用这种一层又一层的空间规划，就能创造惊喜！

【实例】N小屋／藤本壮介

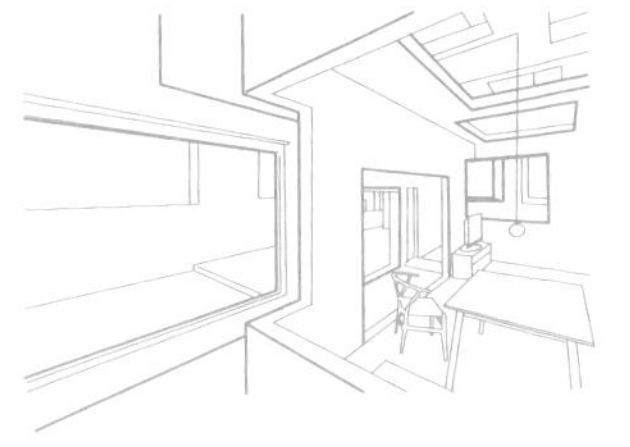

N小屋

设计：藤本壮介

这是建于住宅区角地上的个人住宅。这个像白色箱子的建筑里，所有墙面，甚至屋顶，都开了大大小小的窗。透过窗，将内部箱子与外部箱子，以及内外之间的缓冲区域，作一连接。缓冲区域里，引进了外部箱子的风景，成为内部箱子的扩张空间。借由这样一层一层的设计，创造出视学上深度。

049 | 交叉的家

两线交叉，在交叉处会形成一个特别的地理位置，就像道路与道路交叉处，产生了人气汇聚的十字路口一样。建筑细部里，也有许多交叉：梁与梁交叉、基柱与基柱交叉，这些交叉都与面的构成有关。当然，有时候交叉只是角度问题，看似交叉，其实没有。像交流道的立体交叉就是一例。

050 | 环状的家

说到环状，建筑中让人马上联想到的就是环形走廊。环形走廊，顾名思义就是走道空间围成一圈，走在里面就像绕圈圈一样。如何做出环形走廊的效果？将所有房间集中在中央，将连接所有房间的走廊安排在最外围，形成一种绕圈圈的动线。也就是说，仔细分析一下人在房子里一整天下来的动线（每天的动线几乎大同小异），以此动线来配置不同空间的前后位置，最后在最外围画上环形走道，就完成了一个环形的家。

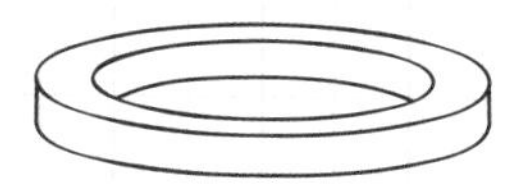

051 | 凹型的家

凹型，是由某个大面积减去某个小面积而来。设计上，较少见运用凹的效果，反而常见凸的效果的运用。若在建筑物的中央设计一个中庭，把中庭这种外部空间放在内部空间里，形同将内部空间挖一个洞一样，呈现一种凹的效果。当凹型产生，自然而然引人联想到：某个东西应该要被放入这个凹型里。停车场就是依此原理来设计。想想看，什么样的住宅造型越凹越好？越凹越表现出力与美？

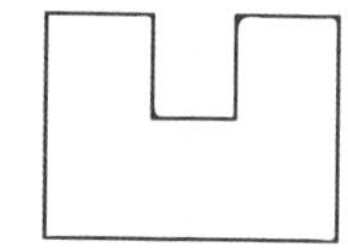

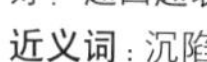

近义词：沉陷

【实例】周末小屋／西泽立卫

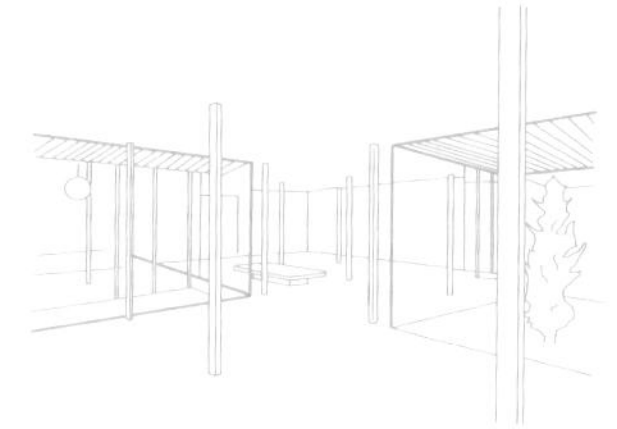

周末小屋

设计：西泽立卫

这个小屋建于绿树围绕的基地上。相对于建筑外观的封闭造型，建筑内部由于有中庭的存在呈现开放明亮的氛围。建筑师特别安排了玻璃屋造型的中庭，分散配置于内部空间，让空间凹了几块。这样的设计让空间变轻盈了，也巧妙地将空间做区隔，将光线引入每个角落。

052 | 凸型的家

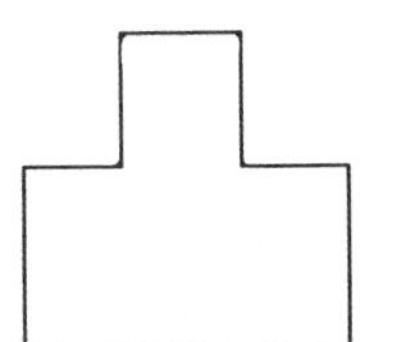

某个面积的一部分对外突出，就形成了凸型。如何判断是凸出还是膨胀？如果突出的面积只是一小部分，就是凸出；如果是突出一大半，就是膨胀。突出一个小地方是凸型；突出许多小地方，甚至呈现颗粒触感，也称之为凸型。试着将“凸”这个元素运用在不同次元的空间设计上吧！

近义词：突出、膨胀

053 | 直角多角形的家

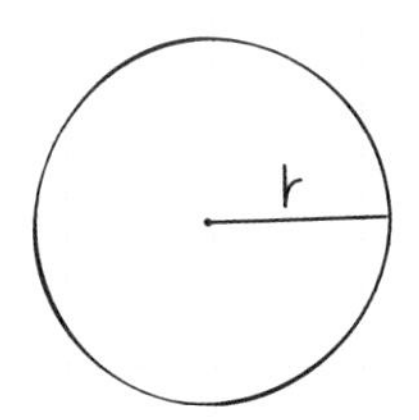

直角多角形，就是所有角度都呈现直角的多角形。建筑平面上，许多建物轮廓就呈现这种形状。像日式家屋的主建物与库房整体平面图就是如此。因为传统日式木造工法规定：扩张搭建时需要以长宽各为910mm的格子为基准。以这些正方形格子为基准，当然就会盖出直角多角形的家。另外，在图形上将大小不同的直角四角形相加或相减，也会形成直角多角形。这个形状除了常见于建筑平面，也常出现在建筑剖面。建筑的水平面与垂直面，都是直角多角形的展现舞台。

054 | 圆的家

圆，是一种常见的建筑元素。说到圆的特性：圆心明确、曲率一定、符合线的对称与点的对称、上下左右都平衡。所以在建筑绘图上圆是一种让人安心、容易操作、具有象征意义的形状。许多建材的断面也呈现圆形。许多的圆整齐排列后形成“圆的矩阵”，这样的集合更能表现圆的特性。例如圆点图案的布料，就将圆的可爱淋漓尽致地表现。想想看：圆的这么多的特色里，应该把哪个特色放大来表现呢？

【实例】森林别墅／妹岛和世

森林别墅

设计：妹岛和世

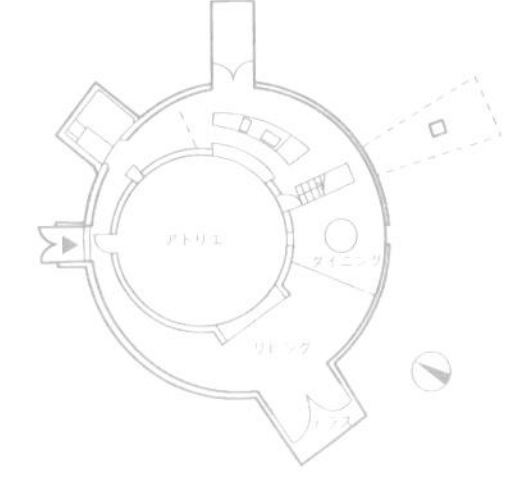

这是森林里一栋附有工作室的别墅。由两个大小不同的圆相叠构成平面空间。由于两圆的圆心位置不同，创造出来的环状空间就变得一边宽、一边窄。不同机能的空间分别配置于这个环上，弧形的内部规划、圆形的外观设计是此建筑最大特色。

055 | 圈圈的家

圈圈，泛指轮子、手环、戒指这类头尾相连后形成一圈的东西。圈线本身可以是扁平的，像缎带圈圈；可以是立体的，像甜甜圈；可以是中空管状的，像救生圈。建筑里出现的圈圈，小至戒指状的无数个圈圈所形成的装饰物，大至标榜"动线的环绕性"之建筑计划。圈圈虽然形态单纯，却具有不分起点终点的连续性与在圈的这头无法看穿圈的那头的视线隐蔽性。善用圈的特性，摸索空间构成要素的更多可能。

近义词：莫比乌斯带

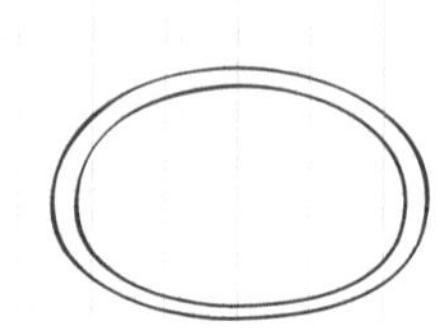

A 055_060

056 | 突出·沉陷的家

突出与沉陷是互为一体的两面，它们同时存在、密不可分。同一个东西，从外面看到了突出，但从里面看却是沉陷，所以定义突出或沉陷之前，先厘清视线的位置。就拿常见的窗台为例，这种由内突出于外的造型，无形中让室内空间变大了。突出与沉陷的设计会带来怎样的效果？值得你我去发掘。

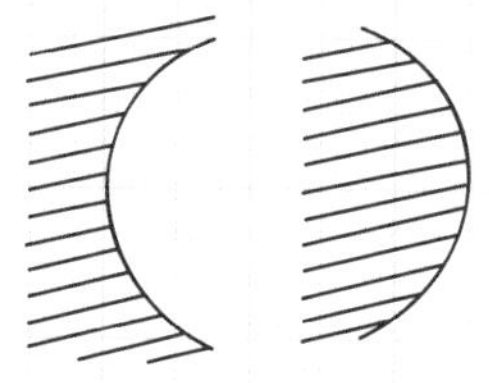

057 | 蛋型的家

常常听到"蛋型"这个字眼，到底要如何去定义"蛋型"呢？不同的动物会生出不同的蛋，当然形状大小也各不相同。严格说来，蛋型就是上下曲率不同的闭合曲线，左右对称而来。蛋型也可以说是椭圆形的变形版。先在纸上画出属于自己风格的蛋吧！画出新的蛋型，说不定就能画出新的建筑可能。一边画一边想：是先有蛋？还是先有建筑？

【实例】里尔会议展示中心Congrexpo／大都会建筑事务所(OMA)

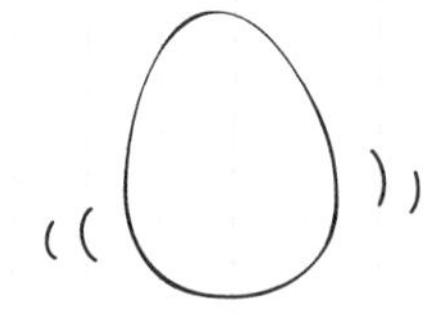

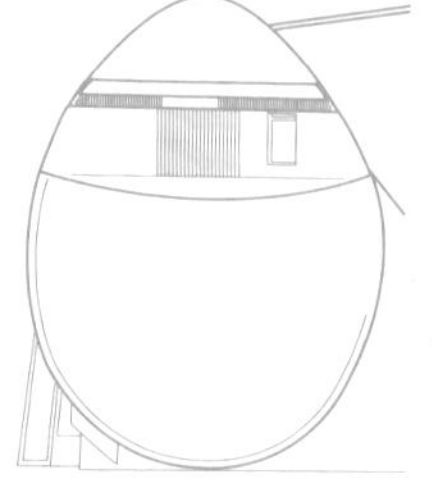

里尔交易会议展示中心Congrexpo

设计：大都会建筑事务所(OMA)

这个交易会议展示中心，建于法国里尔，在一个蛋型的基地上，搭建出规模相当庞大的圆弧形建筑物。弧形的外墙上，用大片的玻璃、PC板、波浪板等新式建材交错堆叠而成，展现粗犷之美的同时给人强烈的视觉印象。

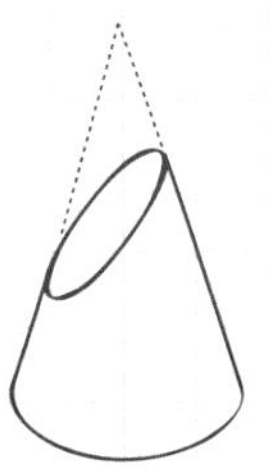

058 | 椭圆的家

将圆形两侧平均往外拉或将两侧平均删减，就形成椭圆形。换句话说，赋予圆形一些动作，就成了椭圆形。所以椭圆形具有方向性，善用椭圆形可以让整体呈现一种动态感。椭圆的建案其实相当常见。日常生活中，好像不容易看到椭圆形，其实不然。如果将大葱斜切，切面就呈现椭圆形；将藏有竹取公主的竹子剖开，其剖面也是椭圆形。若将竹笋斜切呢？为了寻找椭圆形，试着将各种东西拿来剖开看看。

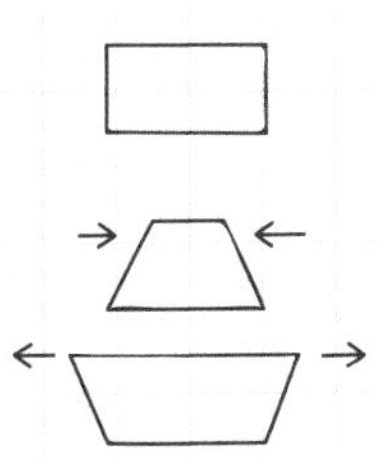

059 | 梯形的家

试着将四角形作一些变化吧！当四角形的相对两边互相平行时，"梯形"就形成了。梯形，因为拥有自由变化的左右两边，所以比"方形"活泼好动；又因为拥有平行的上底下底，所以比"四角形"认真严谨。这种动静皆宜的形状，在建筑上比较容易掌握。由直角与并行线所构成的"方形"，在建筑中被视为一种合理的、没有空间浪费的图形，但当它变形成为"梯形"后呢？如左图所示，梯形是一个同时拥有外阔空间与内缩空间的图形，非常有趣而特别。

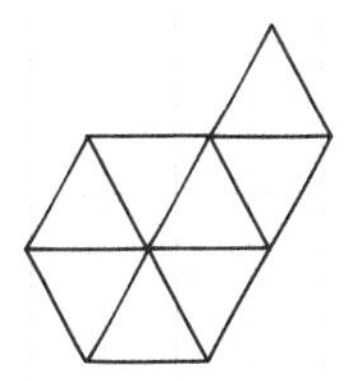

060 | 三角形的家

在几何图形中，三角形是令人印象深刻的图形。但是，建筑计划上，如果遇到面积小的三角形，会让人棘手到直皱眉头。不过，如果是大型建案，这个形状就不成问题，反而成为一个有利的造型、可以彰显个性的王牌。建筑中，桁架结构是以三角形为基础所构成的；大型曲面或多面体，也是由多个三角形所构成的多边形而来。哪里还有三角形？大自然中的三角洲也是一种三角形。

【实例】巴塞罗那论坛大楼广场／赫尔佐格和德梅隆(Herzog & de Meuron)

巴塞罗那论坛大楼广场

设计：赫尔佐格和德梅隆(Herzog & de Meuron)

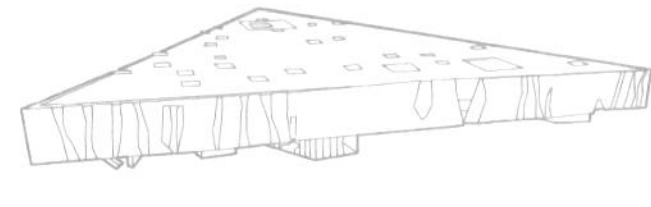

这是建于西班牙巴塞罗那的论坛大楼。建筑外观是一个浮在空中的三角形体量，乍看之下很扁平，其实建筑本身有25m高，规模相当庞大。在这个巨大的奶酪里，有足以容纳3 200人的会议场所。说到这个建筑的特征，它除了拥有蓝色外观、撕裂状窗户之外，一楼三角体量下的入口广场区天花板有着海面水波纹的造型，借由上方洒落而下的自然光形成波光粼粼的效果，令人惊叹。

061 | 四角形的家

大部分的住宅或建筑，都呈现正四角形。如果这个四角形不是直角四角形的话，会变成怎样？将正四角形的四个顶点自由移动，如同将原本方正的图形揉捏变形一样，会产生什么不一样的风貌？试着将这个变形后的四角形，运用在建筑上：运用在建筑平面好呢，还是建筑剖面？运用在整体建筑好呢，或是部分细节？四角形单一呈现好呢，或是多个呈现？

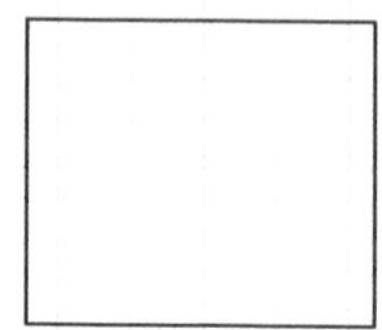

062 | 五角形的家

说到五角形，脑中马上浮现美国五角大厦与足球上的黑色图块。从图形上来看，五角形等于三角形与四角形的合体，或等于四角形扩张出第五个点后，所连成的图形。它没有尖刺的锐角，却呈现一种与四角形、六角形不同的“不平衡感”。有些建筑基地就是五角造型。将家的外观形象化的“家型”图标，也是一种常见的五角形。由于日文中“五角”与“合格”发音雷同，所以日本许多祈求考试合格的商品，也故意设计成五角形。试着创造出一栋“合格（五角）”的家吧！

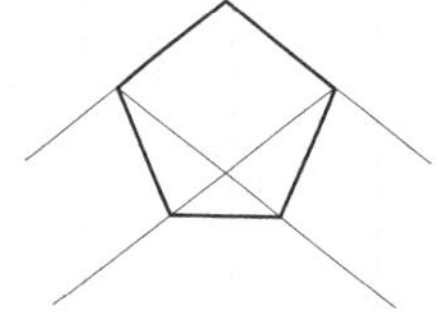

063 | 六角形的家

六角形，让人马上联想到蜂窝造型，六角形总给人一种“有机”的印象。我们熟知的“蜂巢结构”，就是由多个正六角形无间隙紧连而成，是建筑中最具代表性的六角形。其实日常生活中很难邂逅到六角形，反而在大自然中不难发现它的踪迹：蜂巢形状，雪的结晶。单一的六角形，或是多个相连的六角形都有着不可思议的魅力。洒上六角形的养分，让建筑结出有机的果实吧！

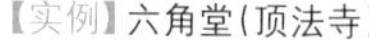

【实例】六角堂（顶法寺）

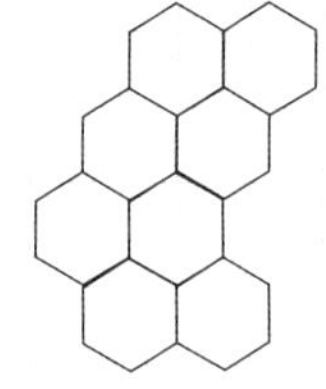

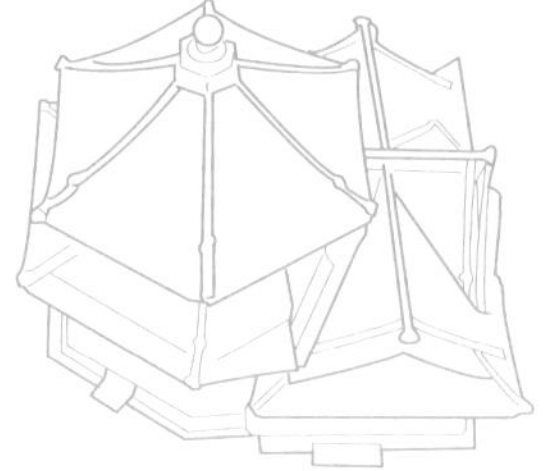

六角堂（顶法寺）

这栋六角形的本堂，位于相传由圣德太子创建的顶法寺里，是日本花道艺术的发源地。六角造型，象征着人生在世的六种欲望。从上俯瞰本堂呈六角形，六角堂因此得名。日本各地有许多六角堂，但一般说到六角堂，就是指这个位于京都紫云山顶法寺的六角堂。

064 | 正方形的家

直角四角形是矩形的一种。也就是说它与长方形相同，但跟正方形有点不一样。正方形，是上下左右互相对称，没有方向性且具有强大力量的图形。建筑中，如果建筑平面呈现正方形，往往给人强烈的印象。正方形常出现在建筑世界里，例如画建筑图必用的格子纸，就是由正方形这个建筑基本单位所构成。不管是建筑平面、建筑立面、建筑剖面，甚至是建筑图案，用正方形来表现都会有不错的效果。让我们一起来发掘正方形的新侧面吧！

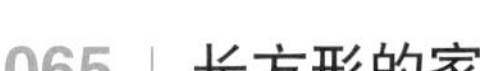

065 | 长方形的家

长方形与正方形同样为矩形，不同的是：长方形一边长一边短，具有方向性。因为这个特性，让我们轻易地就可以画出无数个长方形。被广泛运用的长方形，不只在建筑上，在生活中也处处可见它的踪迹。反而是如果规定你用“不能出现长方形”的方式来表现，这将是个大难题。什么效果是只有长方形才办得到的？长方形还有其他新的表现方法吗？这种种问题值得我们去思考。

066 | 体积的家

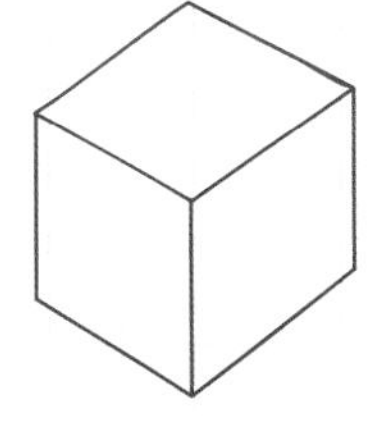

说到量，让我们想到音量与容量。建筑物的量，我们惯用“体积”来说明。更进一步来说，建物的体积，就是实际我们眼睛所及的整个建筑的大小，或者也可以说是整个建筑所呈现的形体。在规划建筑体积时，必须将建筑法规中的日照规定与斜线规定考虑进去，不要让新建物挡住周围原有建物的光线。时常客观地检视：自己所思考的住宅体积，在别人眼里会怎么解读？透过检视，说不定会有许多新发现！

【实例】大泉的家／菊地宏

大泉的家

设计：菊地宏

这个私人住宅，建于三角形的基地上，左临马路、右邻铁轨。在这么严苛的基地条件下，一边要尽力让建筑面积最大化、一边又要符合日照规定与斜线规定，于是，一栋三层楼高的屋顶斜切式建筑体量诞生。这个外观犹如红褐色雕刻品的建筑，从不同角度看，会呈现不一样的体积感。

067 | 钝角的家

大于90° 的角度，我们称之为钝角。用同一条线连续画钝角不中断，最后就会画出一个多角形。如果画得更细一点，角度更钝一点，一直连续画下去的话，甚至可以画出一个接近圆的图形。因此，在建筑中钝角带有些许圆滑、柔软的形象。你想让墙与墙交会之处呈现怎样的氛围呢？比起直角相交的一板一眼，钝角相交给人温柔的感觉。由于钝角的角落空间相对开阔，所以在空间运用上相当好配置。

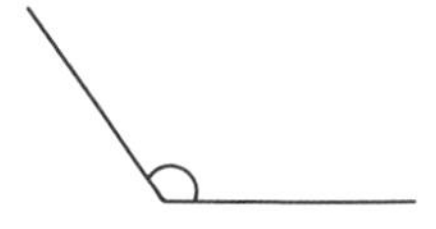

068 | 锐角的家

小于90° 的角度，我们称之为锐角。锐角给人尖锐的感觉。如果想表现建筑的锐利感，可以在屋檐或屋顶部分用锐角来呈现。锐角少见于整体建筑的平面计划，却常出现在基地的边边角角处。这种畸零地的存在，虽是无可奈何，但学会善用这种边边角角的空间，会为整体空间加分不少。就当是练习吧，去设计一个外形尖锐的建筑物试试！

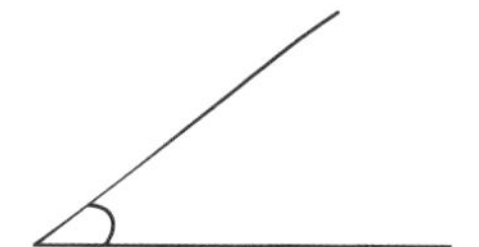

069 | 轮廓的家

记得某个都市计划用周围山丘的轮廓为范本，画出计划兴建的建筑物轮廓。山丘所呈现的天然棱线与建筑物创造的人工轮廓，以同样的形态前后相叠。关于建筑整体风景的创造，建物的轮廓、树木的轮廓、地形的轮廓到底能发挥什么功能呢？不要忘了，观赏建筑轮廓的同时我们也在建筑里。

【实例】黑猫运输企业总部 / 原广司

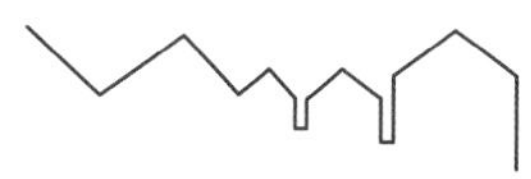

黑猫运输企业总部

设计：原广司

这个紧邻公园而建的企业总部，除了办公室，还有仓库、物流中心。临路的建筑正面，呈现一种多形态的连续组合，与其说是一个建筑，不如说是一片建筑聚落。这片丰富且多样的建筑群形成了都市风景的轮廓。

物・材质 Material B

070 | 材质的家

几乎所有的东西,像木材、石头、金属等,都可以成为构造建材或是表面美化建材。过去,建筑中运用的材料,很多都是取自于周围的环境。因此,过去大部分的建筑物都能和周围的自然风土相融合。时至今日,交通便利了,各式各样的建材可以从世界各地运来,其中还有许多是种类繁多、不断推陈出新的人工建材。然而这些由丰富素材所混搭成的现代建筑,却失去了以往的自然神韵。为了理解建材的特性,建议实际用手去触摸,用身体去感觉每种材质的不同魅力。建议大家尽量多多运用天然建材!

071 | 装饰的家

建筑中,常常需要在柱子、墙壁、入口、玄关等各种地方加以装饰。在某个历史时期中,装饰曾被视为万恶之一而被禁止。今天,装饰洗刷了它的冤屈,成为丰富建筑空间的大功臣,在小地方画龙点睛般地加以装饰,就能产生很大改变。但是,若装饰过了头,让目的失了焦,反而招致反效果。运用装饰与运用材料的道理相同,必须先设定想做出的效果,再进行装饰工程。

072 | 水晶灯的家

听到水晶灯,马上让人想到绚烂豪华的装饰用照明设备。其实有些水晶灯是用多个切割成型的玻璃组装成花草树木的外型而来。光一照在这些角度不同的玻璃上,折射出的层层的美感,营造出非常棒的气氛。最初水晶灯多用于教会的大礼堂里,现在广泛用于一般住宅,成为住宅间接照明的一种。将以前水晶灯的角色与现在水晶灯的功能比较,发挥您无限的创意,试着创造一款最新型的水晶灯吧!

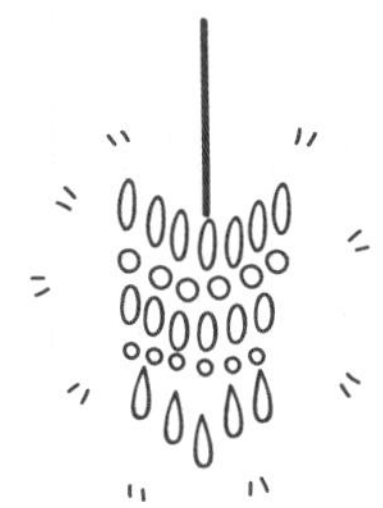

073 | 弹簧的家

弹簧，就是能产生、吸收弹力的一种装置。建筑中，让门片能开能关的铰链里有弹簧；让开关机构能顺利运作的开关阀里有弹簧；甚至让地震的震动不致产生破坏性影响的避震结构里，也有弹簧。这些装置都充分运用了弹簧的特性。家具中也不难发现弹簧的行踪，例如舒适的床或沙发。如何将弹簧运用在建筑设计上，创造一个可变换的空间，将是一个有趣的课题。

074 | 图案的家

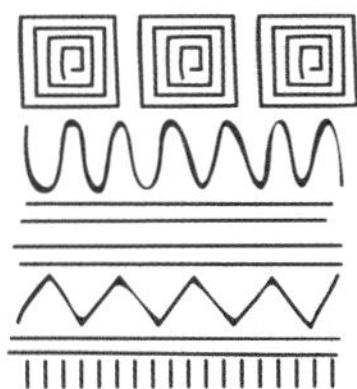

建筑，与陶器或服饰一样，自古以来就习惯在表面画上图案。为什么要画上图案呢？虽然理由有千百种，但终归一句：图案也是建筑的一部分。当我们学着画不同图案的同时，想想这些图案会带给建筑怎样的效果或反效果。随着时代背景的不同，某个图案可能在某一时期被接受，在另一时期却被排斥。但不变的是，图案永远都是能展现建筑魅力的要素之一。

近义词：装饰

075 | 油漆的家

刷油漆的方法有很多。可以用刷子、滚轮，甚至喷枪等工具将液态的油漆涂料涂上去。基本原理与画画时涂上颜料一样。如果要涂刷处的墙面允许，油漆涂料里甚至可以混加各种不同材质来涂。此外，将墙面定期重新粉刷，涂上不同颜色也是可行的。近来虽然壁纸已渐渐取代油漆，但油漆涂刷所产生的独特质感与氛围是谁也取代不了的。进行设计时，将手边的东西涂上油漆试试，去发掘油漆的独特魅力！

【实例】路易斯·巴拉干故宅／路易斯·巴拉干(Luis Barragan Morfin)

路易斯·巴拉干故宅

设计：路易斯·巴拉干(Luis Barragan Morfin)

这是建筑师路易斯·巴拉干自己的住宅兼工作室，建于墨西哥市，于1948年完工。这栋两层楼高，地板面积700m^{2}大的建筑物，因它的建筑外观举世知名。由粉红色、黄色、紫色、红色等大胆鲜艳色彩涂刷的墙壁，交织而成墨西哥独有的多彩庭园风景，是这个建筑最为人津津乐道的特色。2004年被联合国教科文组织评选为世界文化遗产。

076 | 瓷砖的家

瓷砖有许许多多种类，有大有小，有圆有方。瓷砖可以应用在不同空间，演绎住宅空间的不同氛围。瓷砖具有防水，表面污垢容易清洁等特性，因此常用于容易积水、容易弄脏的空间里。瓷砖表面的冰冷触感、闪耀光泽，是瓷砖的魅力所在。

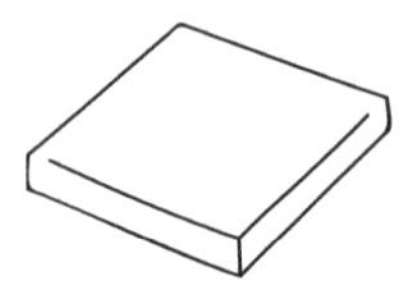

077 | 镜子的家

镜子，是一种非常特别的材质，是人类发明的东西里少见的潜藏有特别魔力的东西。镜子其实是在玻璃背面镀上一层金属而制成。光线透过镜子，可将影像反射，所以我们站在镜子前可以看到反转后的景色。将镜子运用在狭小空间可以将压迫感消除，创造宽敞的效果。被镜子左右包围的空间里，会产生镜中有镜、连绵不绝的特殊影像。此外，如果在微弱的光线下照镜子，镜中将会倒映出一种奇特氛围。总而言之，建筑中的镜子不只是拿来照的，更是能丰富空间表情的魔术师。

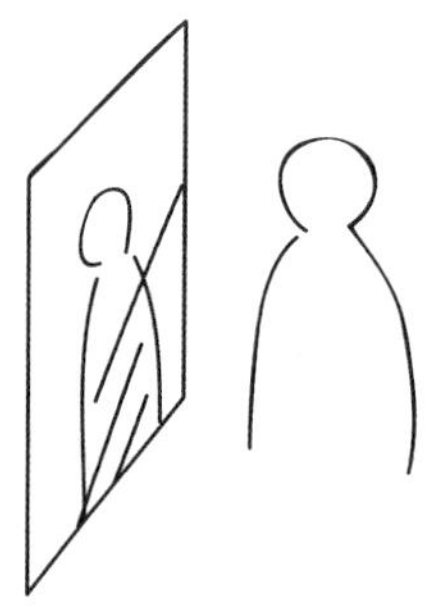

078 | 模型的家

对许多从事建筑设计的人来说，在设计桌上制作的建筑模型远比实际搭建于基地上的建筑成品多很多。制作模型，是一种最直接传达设计想法的手段。但有时候也会发生："看到模型时觉得很棒，但实际看到建筑物时却相当失望"这种情况。为什么模型与实际建筑会有落差？模型中的哪些表现方式会让人发挥无限想象？厘清这些问题，将有助于发现新的建筑形态。

079 | 棉被的家

在日本，有席地而睡的文化，所以睡前要将棉被拿出来铺好、起床后再将棉被折好收起来。这种明确划分睡觉时间而形成的铺了又收、收了再铺的生活习惯，与睡在床上的生活习惯是相当不同的。此外，日本人还有常常晒棉被的习惯。这个习惯造就了家家户户阳台上挂着棉被的特殊风景。这么一想，棉被还真能成为影响建筑计划的因素之一。例如为了解决每天棉被的收纳问题，设计壁橱时就要将折叠后的棉被尺寸考虑进去。

080 | 家具的家

说到家具，像椅子、桌子、柜子、书架等都是，有些有特殊造型，有些可以移动。依据功能的不同，将不同家具放在不同位置。家具与空间的关系相当密切也相当复杂。拥有醒目造型，独特个性的家具摆放于空间中，虽然能够吸引眼球，却也可能让整个空间变的不协调。此外，小小一个家具也能营造出整体空间的规模感。如何让家具与空间和平共存，进而相得益彰，是一个有趣的问题。

参考：施罗德住宅／格里特·托马斯·里特维尔德(Gerrit Thomas Rietveld)

081 | 帘子的家

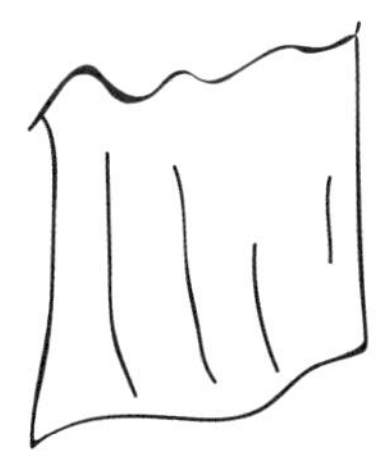

帘子，原指那些为了遮光而挂于窗边的窗帘。现在帘子被广义地解释成：悬垂于轨道下的布状物。所以像浴帘、隔间帘也可以称之为帘子。悬垂于窗边的窗帘，因用途的不同可分成好几种：蕾丝状的纱帘、遮光用的布帘、形式多样的卷帘等。帘子的特性之一就是可以设计成好几层，多层同时使用让功能性与美感都加倍！

【实例】Dior表参道店／SANAA

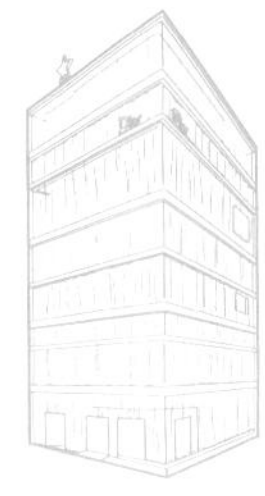

Dior表参道店

设计：SANAA

这栋位于表参道的时尚精品大楼，建筑物正面大量运用大波浪状的压克力板，呈现出窗帘如百褶裙般飘逸柔美的意象。尤其在入夜点灯后，灯与影交错下的窗帘折痕更加栩栩如生。

082 | 床的家

床与前面所提的棉被不同，是固定置放于空间中的一种家具。疲倦的时候躺在床上，就能马上得到休息，非常方便。但是由于它是寝室空间里的固定成员，在设计寝室时，不得不把床考虑进去。尺寸上床又分成单人床、小型双人床、双人床等。样式上床可分成架高的床、席地而放的床等。人有三分之一的时间都在睡梦中度过，因此应该花更多心思在设计良好的睡眠环境上。

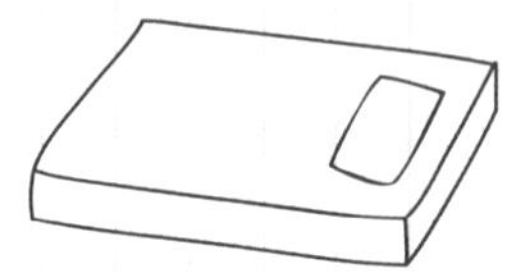

083 | 椅子的家

椅子可以说是家具之王。当今许多的设计师，都曾设计过椅子，不少建筑师，也从事椅子的设计。我们虽然知道许多世界级的"名椅"，但如果不亲眼看到、或亲身坐坐看，是无法体会它的特别之处的。不过有些"名椅"也不是那么容易让人遇到的。如果有机会的话，建议大家试着制作椅子，将有助于对椅子有更深入的理解。不要小看区区一张椅子的设计，出色的椅子摆放在空间中会马上让整个空间也跟着出色起来。如果发现您喜欢的椅子，建议一定要买回去，摆在房间里每天欣赏。

084 | 百叶窗的家

百叶窗与窗帘一样，都是为了遮光而发明的。百叶窗可设置于室内，调节室内环境的光线；也可设置于室外，如同一个建筑的外挂配备一样，为整个建物外观增添不同表情。依据百叶窗叶片排列走向，大致可分成横向百叶与纵向百叶。因为太阳的高度与移动的不同，在赤道附近低纬度国家，常见横向百叶窗；但在高纬度国家，则常用纵向百叶窗。

【实例】那珂川町马头广重美术馆／隈研吾

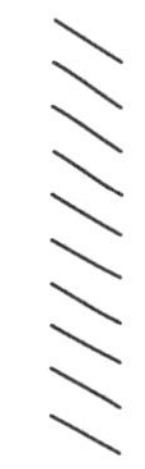

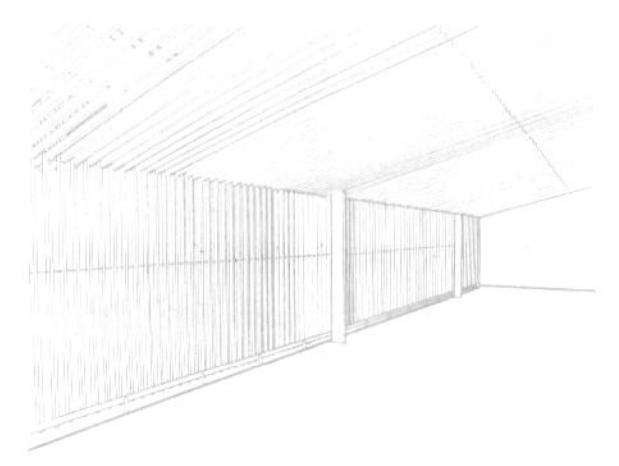

那珂川町马头广重美术馆

设计：隈研吾

这个建于枥木县那须郡的美术馆，主要展示歌川广重的浮世绘笔墨画与木版画。建筑物整体空间从大片屋檐到外墙、天花板全都用纤细的木百叶来呈现，让人印象深刻。木百叶的材质取自于当地所产的杉木，而在地板与墙壁则大量运用当地的石材与和纸建成。

085 | 衣服的家

人们穿着不同颜色的衣服在空间中移动的同时，空间仿佛也动了起来，整个空间也变得色彩缤纷了。所以说："衣服能为空间增添色彩"一点也不为过。衣服与家，乍看是两个完全不同的东西，却有着一个共通点：都能保护我们不受外在环境干扰。如果将建筑比喻为一件衣服，那包覆身体的这项特性，在建筑上该如何表现呢？服装设计师中有不少是学建筑出身的！

086 | 帐篷的家

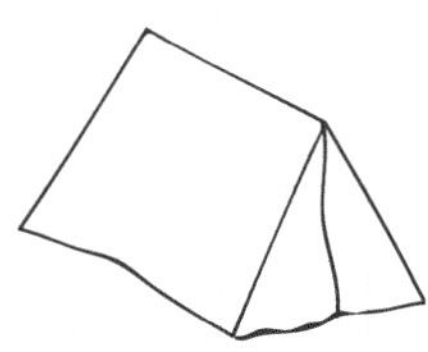

帐篷，由轻骨架与防水篷布所构成。帐篷是建筑的原型。为了适应环境的挑战，逐渐强化篷布与骨架，帐篷也就演变成了今天的建筑形式。其中户外登山用的帐篷，由于更要求轻量化与好携带，成了世界上最小最轻的建筑。如何实现轻量化的建筑，需要运用许多高科技来完成。

087 | 桌子的家

桌子，常常与椅子一起出现。用来吃饭的桌子、用来念书的桌子、用来工作的桌子因为用途的不同，而有不同的高度、大小。供很多人同时使用的桌子当然就要很大；几个人使用，小一点也无妨。桌子与椅子一样，随便一摆，就能大大影响空间的氛围。桌子通常有70cm高，但是放置地上、让席地而坐的人使用的日式矮桌，桌脚就比较短小。

【实例】2004／中山英之

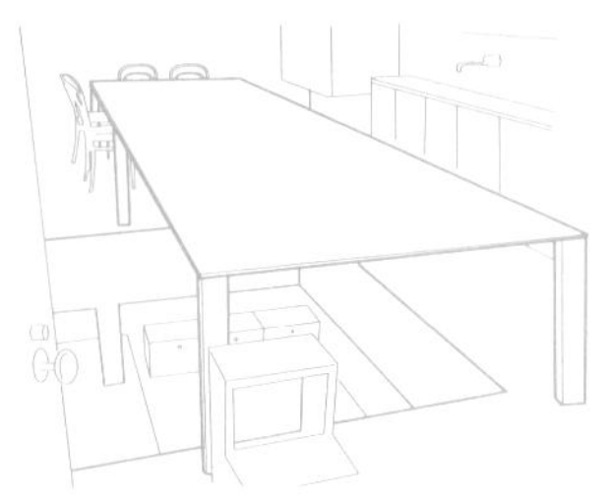

2004

设计：中山英之

这个3层楼高的个人住宅有一半建于地下。在住宅中央的挑高空间里，设计了一个不可移动的钢板大长桌。这个长桌其实是通道，通道地板用薄薄一层钢板来表现，是特意要营造出桌子的感觉。当人在桌上行走时就会形成一幅有趣的画面。

088 | 建筑图的家

"这个建筑图的画法不及格！"这会在什么情况下发生？一般标准的画图步骤是：先标上中心，然后画上线条轮廓，最后加以装饰美化。如果不按此步骤进行，想到什么就画下什么，然后再加以修正，将会画出什么样的建筑图呢？在建筑的世界里，沟通不靠文字、不用图案，而是由"建筑图"全权发言。面对这个建筑中最重要的沟通工具，我们应该熟知它的画法与表现法。

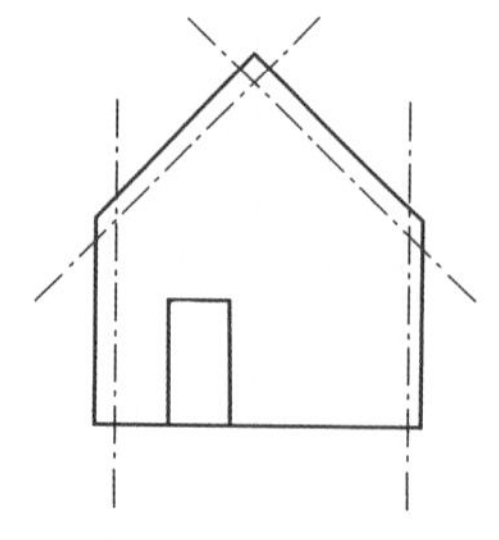

089 | 计算机的家

建筑中，有许多地方都能看到计算机身影。例如常见的感应功能或计时功能，都是由计算机运算而来。在人的日常生活中，计算机扮演的不仅是一部机器，更是一种渗透生活的沟通工具。当计算机渗透在空间中会对建筑产生什么有趣的影响呢？关于空间与计算机间的关系，值得探讨。

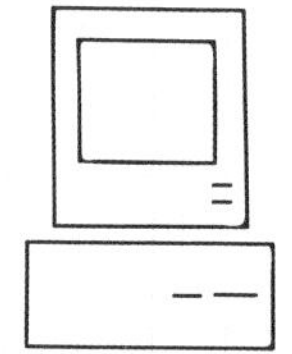

090 | 比重的家

东西有其重量。建筑是将不同重量的东西组合，形成一个相当有分量的体量，如何操控建筑在视觉上的轻重感呢？例如头重脚轻的底层架高建筑，乍看像是一个重物飘在半空中，这个庞大建筑呈现"看起来很轻"的效果；另外像厚重平台上搭盖的基坛建筑，相对于下面平台的笨重，上面的建筑马上被认为是"看起来很轻"！同样大小同样形状的东西，在不同环境里呈现不同的比重，会产生不同的轻重感。是薄薄水泥墙看起来重，还是厚厚玻璃片看起来重？材质所呈现的轻重感，也是一个有趣的课题。

近义词：轻重

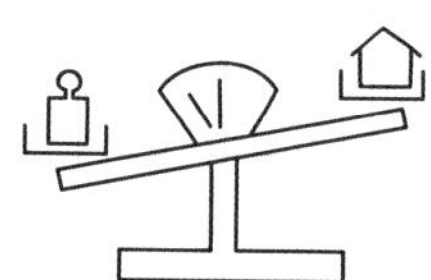

091 | 自行车的家

比轿车小的自行车容易被视为是具有家具特性的交通工具。它不只是交通工具，更被许多人当成生活的一部分、兴趣的一种。有人把它放置于室内，成为一种装饰；也有人把它停在房子外面创造了另一种建筑风景。从不同观点来思考自行车与建筑的关系吧！创造一个具有旅游氛围的住宅！

092 | 车子的家

大部分的房子都设有停车空间，屋主会把私家车停在那里。建筑可以说是车子的保管场，为车子抵挡日晒雨淋。而停车空间的配置，大大影响了建筑整体平面计划。如果遇到爱车如命的屋主，希望随时都能欣赏自己宝贝车子，那整体计划势必要以车子为中心来修改。车道的进出动线，也会影响建筑外观的设计。在进行建筑整体配置与外观设计前，建议先厘清车子与建筑的关系。

参考：萨伏伊别墅／勒·柯布西耶(Le Corbusier)

093 | 船的家

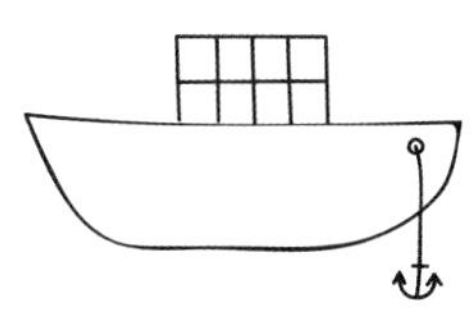

海边或湖畔的房子里，船的存在如同车一样，都是与建筑密切相关的。这种建筑物的底层，被设计成可直接上下船、停靠船。另一方面，生活起居都在船上的船屋也是一种选择。如果说建筑是地面上的家，那船就是水上的家了。建筑史上，赫赫有名的"马赛集合住宅"就是以"船的意象"设计而成。说不定对建筑来说，船，一直是个令人憧憬的存在。

【实例】海的博物馆／内藤广

海的博物馆

设计：内藤广

"海的博物馆"建于三重县鸟羽市，内部展示与海相关的文物。相对于大片漆黑的外观，内部全由木造结构构成，并设有停放船只的仓库。这样的空间设计，俨然就像一座海中央的博物馆。

094 | 金属的家

建筑里有各式各样的金属，像铁、铝、铜等。还有一些表面呈现金属质感的电镀品也很常见，像镀锌材质与镀铬材质。不同的金属材料，有不同的硬度与特征。例如，铁很硬，但铜却很软，用手就可以将其弯曲。此外，金属的独特光泽也是它的魅力之一：有的能闪耀光辉、有的却是雾面不反光。去了解各种金属的特性与表情，并把它活用在建筑上吧！

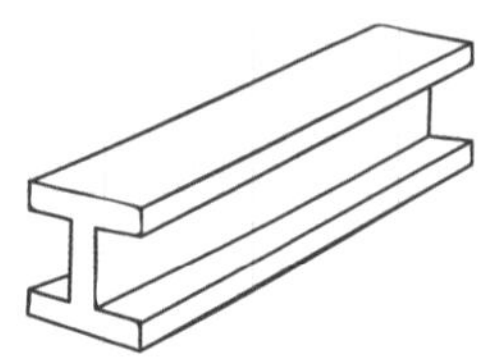

095 | 板子的家

建材里有许多板材。为了方便构筑空间，将所有的东西切成面来使用，像石膏板、合板等都是板材。大部分的板材是加工后形成的，少有天生就长成板子状的。切成扁平形状的木板是板材，材料层层堆积后压扁的板子也是板材，从石头切出的薄薄石板也称之为板材。有了板材，就能盖出地板与墙壁，也能做出架子与桌子。熟知不同板材的特性，我们就能应不同需求来选用板材，让它更广泛地被运用。

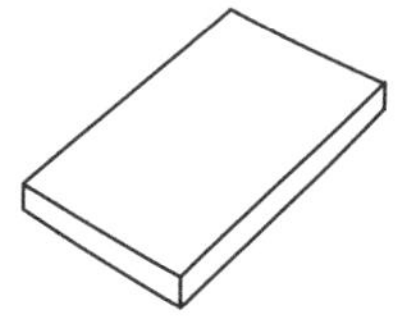

096 | 木材的家

许多建筑是以木材搭建的木造结构。木材好加工、易取得的特性造就了许多木造建筑。木材依切的方向不同，产生通直木纹、曲线木纹、年轮木纹，是自然素材特有的风貌。所以木材不仅用于构造上，在美化装饰上，也扮演重要角色。触感温润、吸湿性佳的木材，可适应不同场所的不同需要。去了解不同树种所制造出的木材的特征，并分析它们各适用于哪些地方，将有助您设计一个木造建筑。

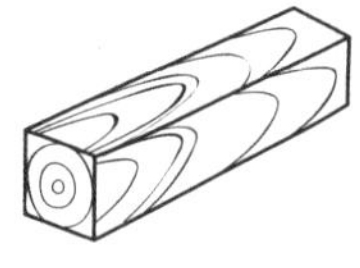

【实例】小木屋

小木屋

我们耳熟能详的小木屋，是用完整的木头组合而成，是典型的木造住宅。将劈成一半的木头直接运用成兼具内外美的墙壁，同为木造工法，小木屋的木造工法与日本传统木造建筑的工法大异其趣。小木屋工法，是将木材无缝隙地向上堆建，扩大解释的话可以说是“砖石堆建构造”的一种。

097 | 黏土的家

要决定建筑的形状时，可以用黏土来找灵感。就像雕刻与陶艺一样，用手捏塑黏土的同时，思考也跟着自由塑形。用黏土这个自由变化的素材可捏出一个变形，也可以将黏土撕成好几块个别塑形再揉在一起。形状不喜欢的话，将它压扁再做一次。用这种方法设计出来的建筑，相当的"有机"。用手捏出的建筑物，说不定就是你独一无二的完美之作。

098 | 照明的家

说到照明，从灯泡、日光灯到LED灯都是。面对多样的照明，我们的要求不再只是"将室内照亮"。水面下如何照明？亮到让人产生不悦的照明如何改善？照明的效率、品质才是要求的重点。比起太阳光，人工照明会产生色差。日光灯这种不连续光的照明虽然效率很好，但品质就不如灯泡。照明今后将如何改善品质，这个问题也成为建筑上的重要课题。

099 | 石头的家

石头，具有"块状"的存在感，有大小之分，有硬脆不同。建材中不少是从石头切片而来的。石头有各种表面，会因表面磨光的程度不同展现不同风貌。石头有各种颜色：有红、有绿、有白，甚至还有两色混合。石头还有各种模样：条形纹理状的，表面颗粒状的，表面布满许多小洞的，等等。

【实例】多明纳斯酒庄／赫尔佐格和德梅隆(Herzog & de Meuron)

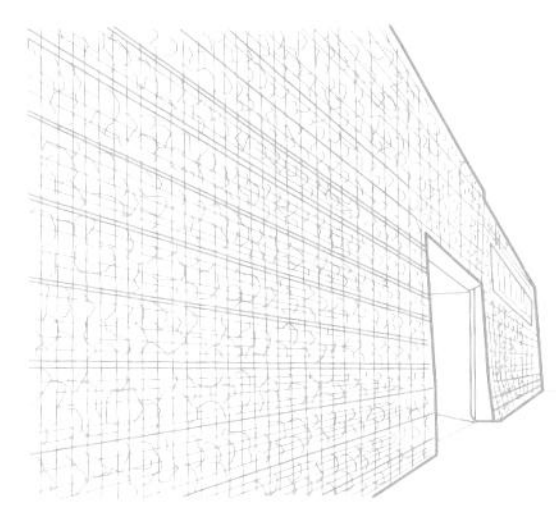

多明纳斯酒庄

设计：赫尔佐格和德梅隆(Herzog & de Meuron)

这个酒庄位于美国加利福尼亚州。建筑物的外墙大胆地采用堤防般的设计：在金属笼网上塞进碎石，堆积成形。阳光从天然碎石的缝隙间穿透而过，形成美丽的景象。 这个如同外壳般的外墙向内生长出内部空间，仿佛有生命一样。

100 把手的家

玄关大门或家具门片上，装着让人的手或手指能自由开关的零件就是把手。生活中，我们经常直接接触，所以更应小心处理才是。把手大致分成单手可抓的或双手并用操作的，像家具抽屉前端的小圆头，也是一种把手。为了维持墙面平整的美感常将柜子隐藏在墙里，关键就是将把手设计成隐藏式。相反地，如果想把墙变成一个假柜子，只要将把手装上即可。从建筑整体来看，把手这个小零件却能产生大影响，值得我们深思。

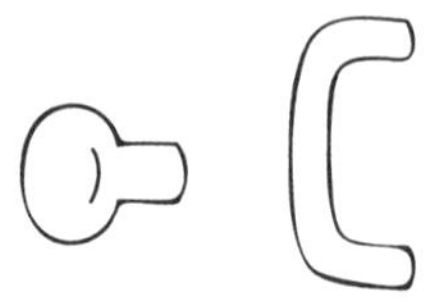

101 废墟的家

废墟，乍听之下给人不好的感觉，跟“家”似乎沾不上边。但是这种陈旧腐朽的建筑，有着全新建筑所缺乏的“重量”，喜好此魅力的也不乏人在。这个概念运用在“家”上更有家的味道。就像：与其从零开始，不如从负开始。是家变成废墟呢，还是废墟中，可以找到组成家的因子呢？想想看：已经腐朽老化的空间，如何与“家”相关？面对这个平常极少碰触的议题，值得全面思考。

102 条形码的家

条形码是非常便利的记号，也可看成是一个风格独特的插图。它的构成非常简单，用同样长度不同宽度的线随机排列而成，但在这简单的线条与线条间，蕴含了大量的情报。条形码本身就是一个有意义的暗号，具有神秘的魅力。建筑上，如果将条形码状厚薄不一的墙壁排列着，是不是就形成了具有某种意义的记号性的建筑呢？

103 铅笔与橡皮擦的家

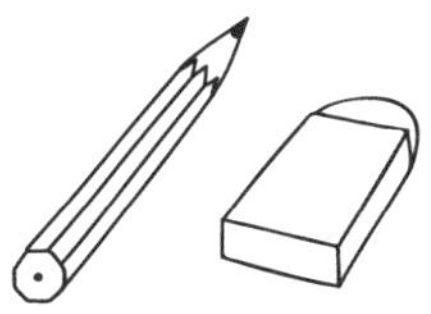

虽然我们常用CAD或CG软件来画建筑图，但更常用铅笔与橡皮擦：用铅笔画线，用橡皮擦擦掉不必要的线。利用这种加减的概念完成了建筑图。铅笔与橡皮擦是缺一不可的重要工具。如果你需要长期与它们相处，最好将这些工具的特性与怪癖摸清楚。有趣的是，像建筑这么大的东西往往由小工具来决定其成败。

近义词：加、减

104 水果的家

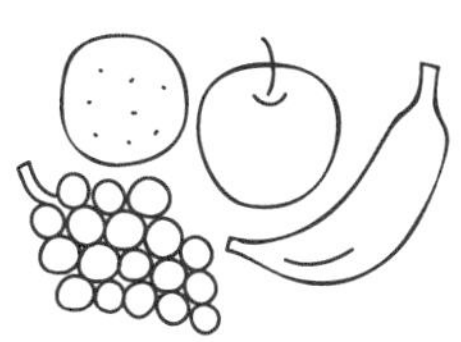

水果与蔬菜除了品尝其美味会让人愉悦外，还承袭了大自然的鲜艳饱满色彩。装饰在空间中也是一种视觉享受。水果一直都是静物素描的最佳主角，因为它表情丰富，不管在颜色上、形状上、气味上、阴影形成上都充满变化。别看这个水果小，却是有力量的形体。如果空间本身没什么魅力，放上了一束花或一篮水果后整个空间就意外地变得幸福起来！

105 蛋糕的家

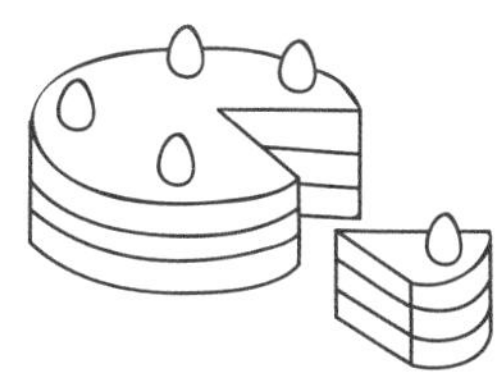

蛋糕或披萨原本是大而圆的完整品，吃的时候切成一片片取出，就变成三角形。这个三角形有锐角的部分也有圆弧的部分，呈现独特的形状。从蛋糕切面来看，一层草莓一层海绵蛋糕的层层堆叠如同在不同的楼层，呈现不同的性格。这种从地基开始层层往上叠，完成之后再加上装饰的概念与建筑有异曲同工之妙。童话世界中，就有用蛋糕做成的房子！

【实例】丽树镇的斗笠村

丽树镇的斗笠村

这个外型可爱的村庄位于意大利南部的丽树镇。整个聚落的外观就像有着上百顶斗笠覆盖其上，因而得名。这个犹如童话世界的斗笠村，每个斗笠屋的构成就像做蛋糕一样简单：用石灰岩层层堆叠搭建出墙壁、屋顶等结构，最后再用白色石灰完成表面美化。是不是很像做蛋糕、抹奶油一样呀？

106 | 卖点的家

不管在小型住宅还是在大型公共场所，往往是空间里的一个小地方的巧思、一个迷人的小设计会让你印象深刻。这个设计可能是机能上的、是外形上的，任何可能都有。而巧思所展现的地方，可能是一个小细节或是增加一点小变化。如何做出一个令人心中有分量、令人印象深刻的家？性感的玛丽莲·梦露若少了嘴边那一颗性感的痣，是不是就只是一个平凡的美女呢？

107 | 痕迹的家

你要选择保留痕迹还是擦去痕迹？你是如何看待过去发生的事呢？痕迹给人负面的印象。当你面对这个过去自然发生的痕迹，想想看是要保存它还是消去它？正在改装的房子里油漆斑驳发黄的墙，在某些人看来是脏污的痕迹，但在某些人看来却是有魅力的质感。如何看待痕迹，为什么要削去它？为什么要保留它？值得我们深思。

参考：基希纳美术馆／安妮特·纪贡和迈克·古耶尔(Annette Gigon & Mike Guyer)

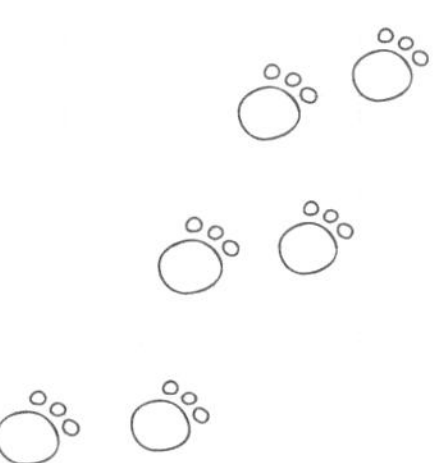

108 | 玻璃的家

玻璃尽管非常薄却有强度。玻璃会透光的特性，让它可以区隔内外空间却不阻隔视线。但是玻璃阻挡外力的能力很弱，用锐利的东西一敲马上就裂了。玻璃依制造方式的不同，分为普通平板玻璃与浮法玻璃等。除了用在建筑上，玻璃也出现在杯子、花瓶等日常用品之中。玻璃独特的坚硬感与穿透性，装饰在建筑上，为建筑增添了不少紧张的气氛。

【实例】玻璃之家／皮耶·夏洛(Pierre Chareau)

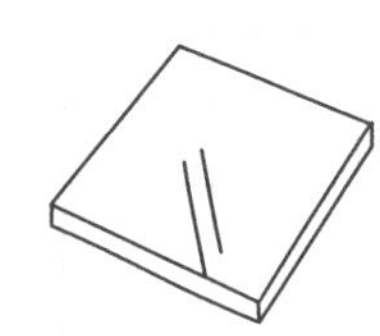

玻璃之家

设计：皮耶·夏洛(Pierre Chareau)

这个建筑位于法国巴黎，兼具诊疗所与住家功能，又称达尔札斯公馆。于1931年完工的玻璃之家大胆运用当时少见的玻璃砖于整面外墙上。为了符合当地都市计划之景观规定，这片半透明的玻璃墙面对的是基地里的中庭而不是外面马路。路人是无法一窥究竟的。

C

现象・状态
Phenomenon, State

109 | 粗粗的家

粗粗的，是表现粗糙感的字眼。粗粗的整面墙，其中粒子也有粗细不同，粗的用看就看出来，细的则要用摸才知道。有些摸起来很舒服，有些则摸了会扎手。粗粗的效果到底有哪些？它会让表面的质感变高，阴影的产生还会让整个表面充满表情。建筑的墙壁、地板或其他各处的细节之处，都可以考虑用"粗粗的"方式来表现。

110 | 沙沙的家

"沙沙沙沙……"是不是让人联想到风吹过沙丘的声音呢？沙沙的，是一种纤细的表现，与粗糙、坑巴完全不同。如果将建筑用纤细的角度来解读，可以试着用"沙沙的"去捕捉建筑中的蛛丝马迹。日本自古以来就有不少运用"沙沙的"设计。例如日式的石庭，就是在庭园里铺满白砂，营造纤细的"沙沙"感；砂壁也是用细砂堆砌而成一片精致的墙壁。树木迎风摇曳，叶子互相摩擦而发出"沙沙"的声音；河川里和缓的水流，在水的泡沫产生与破灭时也会发出"沙沙"的声音。

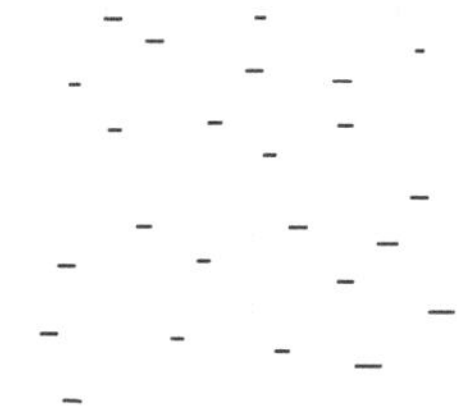

111 | 坑坑巴巴的家

坑坑巴巴能让我们联想起物体表面的质感，进而想到有如自然岩石般的厚重感。这样的质感与厚重感，从外面看来具有压迫感、不易亲近；但从里面来看的话，你会感受到它是安全的与高级的。日式住宅里，多数由木材搭建主结构，再用美人蕉来做表面的美化。所以对日本人来说，坑坑巴巴的质感是相当陌生的。如果试着将"坑坑巴巴"这种不均匀的质感用于建筑，说不定就会改变建筑这种太过均质的个性，创造另一种建筑风貌！

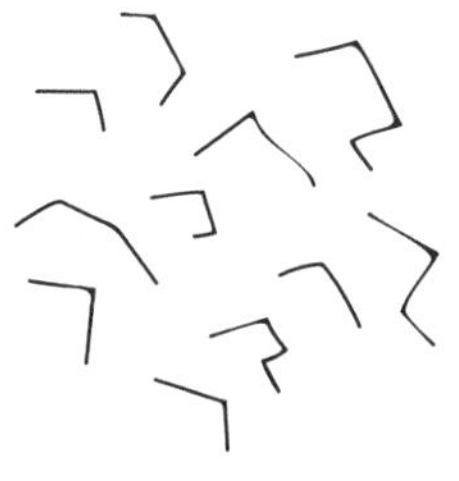

【实例】濑户内海历史民俗资料馆 / 香川县建筑课

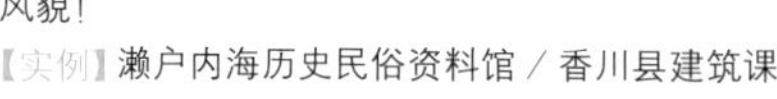

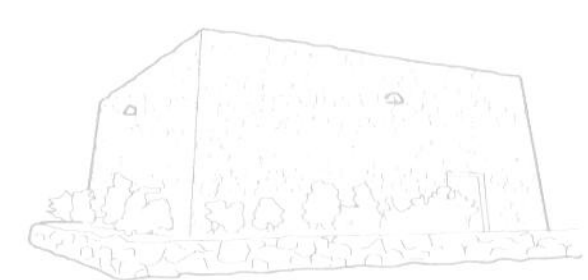

濑户内海历史民俗资料馆

设计：香川县建筑课

这是为了展示濑户内海文化数据而建的民俗数据馆。为了解决海边的盐害问题，展示当地的石头文化，整体建筑有许多地方都用石头堆积而成。"坑坑巴巴"的表现，除了出现在建筑体的外墙上也出现在最外围护栏的设计里。这个建案广泛地运用大小不一的石材在建筑中，让"坑坑巴巴"成为贯穿整体设计的主要意象。

112 | 绵绵的家

日本的梅雨季节绵绵细雨不停地下，环境变得相当潮湿。此时，建筑结构必须耐得住这种高湿度带来的伤害。形容潮湿的梅雨季节，如果用“闷湿的”会给人不愉快的印象；但如果用“绵绵的”会让我们遥想起日本独有的诗一般的风景。日本的四季具有丰富的自然面貌。其中与“绵绵细雨”意象相符合的建筑会是怎样的设计呢？

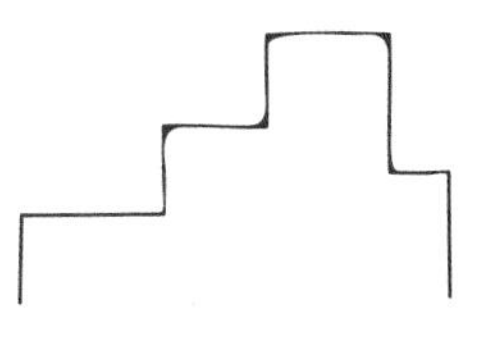

113 | 方方角角的家

方方角角如字面所示，就是充满许多直角的样子。建筑物原本也是由许多方形物体，甚至可以说是箱型物体组合而成。因此，建筑本身理所当然有许多方方角角存在。街道上不同大小的方方角角营造出不同的气氛；建筑轮廓呈现大小不同的方方角角就有着不同的意象。楼梯的侧面也是一种方方角角的表现。方方角角给人坚硬的感觉，而在方方角角的建筑里，应该加注一些柔软的素材来做调和。

114 | 轻洒而下的家

将香松撒在饭上，就是一种“轻洒而下”的表现。当东西轻洒而下，不知道为什么这些东西总会近乎均匀地落在某一个区域上。就像树叶掉落时，以树干为中心的叶子会轻洒而下，落在整个土地上。轻洒而下：是将某些轻的东西从某个高度将之落下。所以轻洒而下的场景里一定有一个高度存在着。其实建筑本身并没有直接表现“轻洒而下”的技法。但是运用这个源于自然现象的“轻洒而下”的感觉在建筑中将是一种新鲜的尝试。

【实例】KAIT工房／石上纯也

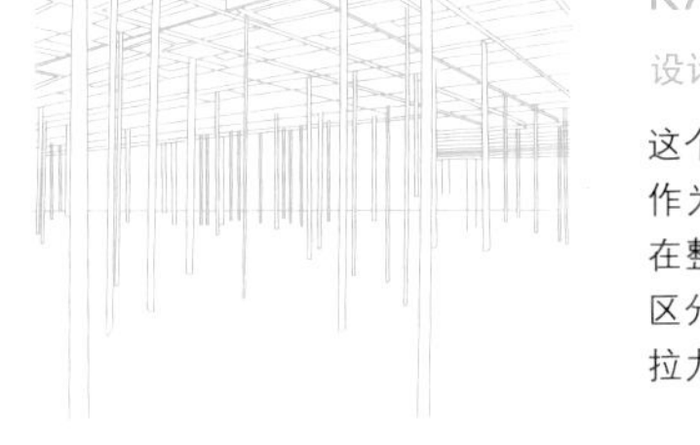

KAIT工房

设计：石上纯也

这个神奈川工科大学的实作工房用上百个细扁的长方体钢材作为柱子。这些柱子如同从天花板上轻洒而下般均匀地配置在整个无任何隔间的空间中。每个朝向都不一样的柱子里，又区分成有承重使命的压力构件柱与撑开整个建物使其平衡的拉力构件柱。

115 圆点的家

小孩特别喜欢圆点图案。这种圆圆的造型小孩好像都能接受。圆点图案在大自然中不难发现，在插画界中也广受欢迎。圆点颜色与间隔的不同，会使图案产生不同表情，甚至会产生超越可爱的某种异样氛围。圆点本身就是一种具有强烈记号性的图腾，所以运用时应该特别小心。圆点透过多数的呈现、大小的缩放更能展现它不同的魅力。

参考：草间弥生的作品

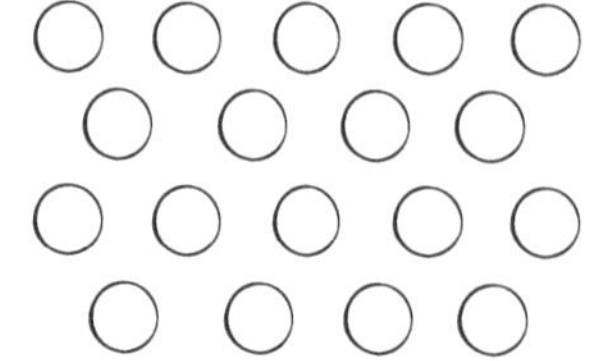

116 闪亮的家

当有光辉产生我们会用"闪闪发亮"来形容。当光照在水面上就会闪闪发亮；石头中蕴含的矿物也会闪闪发亮。最能说明闪闪发亮的要属钻石了，小小一颗钻石，却聚集所有的光线创造出闪耀光芒。金属磨碎而成的金粉，运用在任何地方都会让那里有金光闪闪的效果。闪闪发亮就像是一种魔法金粉，把它洒在空间中的任一地方这个空间马上变的奢华了起来。

117 黑暗的家

没有光线的空间就像黑夜一样，完全黑暗。某种程度的黑暗会让人心情平静；但若是太黑暗，会带给人不安。黑暗有时候能让空间呈现戏剧张力。通过狭小而阴暗的走廊来到明亮的广场时，心情豁然开朗；从很明亮的地方进入黑暗的地方时，心中忐忑不安。日式传统建筑的室内也相当昏暗，黑暗带来紧张与不安的戏剧效果，给人留下深刻印象。

参考：《阴翳礼赞》谷崎润一郎 著

118 | 明亮的家

明亮，让人心情愉悦。当然依明亮的程度会产生不同的效果：能够清楚看到手边的明亮程度给人安心感；如果亮到连影子都消失、重量感都不见，则有一种漂浮的气氛。明亮成为现代建筑中强调的一环，因为它洁白、阴影小，呈现一种卫生感与未来感。但极端的明亮会让人觉得刺眼，也会扰乱人的生理时钟。衡量明亮的指标有“照度”等。空间中一个墙面的照度，影响着整体空间是否明亮。

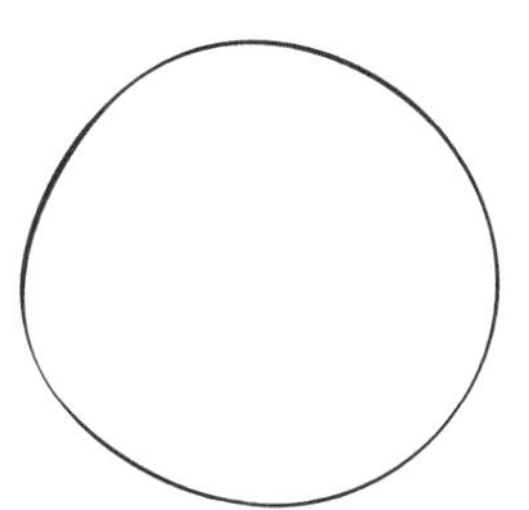

119 | 大的家

建筑原本就是大的存在体。在建筑里，运用提高天花板等巧思，可以创造更大的空间感。空间大的话人就显得渺小。这种人与空间的相对关系，充满趣味。将“大的”概念放在一般日常用品上试试：加大的桌子、放大的椅子……“变大”让东西增加了宽裕感与大胆氛围。在艺术界里不少艺术家将小东西放大呈现，创造出许多有趣的作品。

参考：让·穆克（Ron Mueck）的作品

120 | 小的家

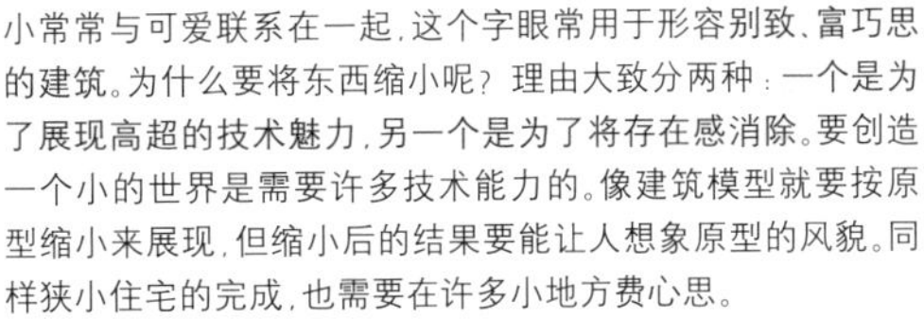

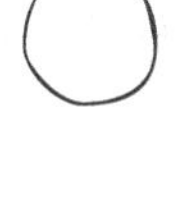

小常常与可爱联系在一起，这个字眼常用于形容别致、富巧思的建筑。为什么要将东西缩小呢？理由大致分两种：一个是为了展现高超的技术魅力，另一个是为了将存在感消除。要创造一个小的世界是需要许多技术能力的。像建筑模型就要按原型缩小来展现，但缩小后的结果要能让人想象原型的风貌。同样狭小住宅的完成，也需要在许多小地方费心思。

【实例】小屋／勒·柯布西耶（Le Corbusier）

小屋

设计：勒·柯布西耶（Le Corbusier）

这个18m²的小型住宅，位于法国雷曼湖畔，是柯布西耶为母亲所建的。柯布西耶所提倡的“现代建筑五原则”之一的连续水平窗也呈现在这个小小作品里。透过11m的水平长窗将雷曼湖与其后的阿尔卑斯山框住，让瑞士的美景一览无遗。

121 | 慢的家

慢是衡量速度的词汇。如果以人的移动速度为标准，那宇宙中太阳的移动就相当慢，海面上波浪的移动也显得慢。慢的程度有各式各样：乌龟的慢速移动，人的肉眼刚好能辨别；若是太阳的与时推移，就要快转才能看出。慢给人放松的沉静感。在空间中，运用慢的元素会给人一种安定的感觉。

122 | 快的家

人类发明了许多快速的东西，像飞机、电车、车子等。相较之下建筑算是不会动的东西，无缘与它们一争快慢。但是相对于建筑的静止，建筑周围人的移动的速度，车子的速度就有了参照。被台风吹得剧烈摇晃的树、斜斜拍打在窗上的雨、穿过窗户吹进来的一阵风，都能为建筑带来速度感。

123 | 强硬的家

建筑本身是坚固的，因此给人“强硬”的印象。如果建筑不坚固就容易损坏。水泥搭建的建筑，具有耐用而坚固的形象，在表面轻敲就知道它有多硬。“强”这个字眼除了用于物理强度外，当形容颜色、材质、存在感或其他有程度强弱不同的情况时，也用“强”来表现。强硬的东西虽然给人压迫感，但也给人值得依赖、可以信任的感觉。让我们试着用更广义的角度来解读建筑里的“强”的表现。

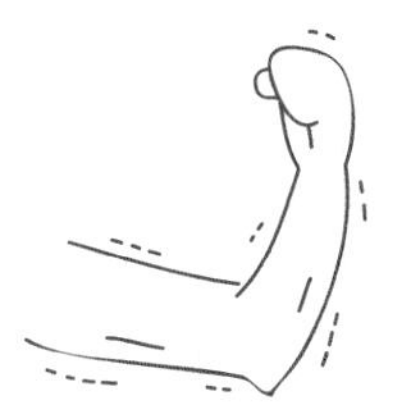

124 | 软弱的家

软弱是一种形容词。如果建筑结构实际上很弱是会产生很多问题的。什么情况会形容一个建筑"软弱"呢？当想隐藏它的强，伪装出弱时。在刻意营造"软弱"气氛的同时，亲近感也随之而来。弱也常出现于建筑批判的言辞中："概念很弱！"、"案子本身很弱！"。在日本或亚洲地区由于气候潮湿温暖，所以常用木材、纸、土等软性材料来盖房子。拥有软弱的表情的建筑，也是建筑的一种可能。

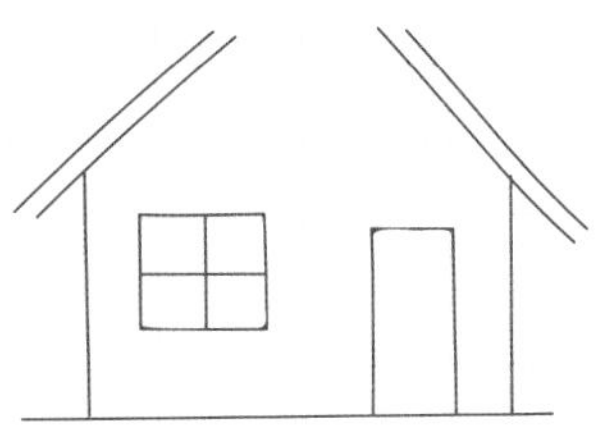

125 | 近的家

距离的概念里，"附近"代表非常近的地方，是手触及得到、眼睛可清楚看到的范围。对于看起来很近的东西会让你产生警诫而特别小心。它那清楚的质感与贴近的表情更考验着设计者的功力，一定要小心应付。所以如何消除"近"所造成的警戒心？怎样才算是"近"？如何让"近"看起来比较远？都是值得思考的有趣问题。

126 | 远的家

看起来很远的建筑，看起来很远的人，看起来很远的山脉……这些东西本身并不大，但由于放在很远的地方与远处的事物关联在一起，于是给人"东西很大"的错觉。远处存在的东西也给人一种遥不可及的感觉，就像憧憬的对象、心灵的寄托都在远处。在这个浩瀚的世界里，建筑的远景成了构筑这个建筑物的线索。建筑就像遥远存在的太阳、月亮、地平线一样，都必须拉远来看才看得清楚它的全貌。

【实例】松元市民艺术馆／伊东丰雄

松元市民艺术馆

设计：伊东丰雄

这个位于长野县松元市的艺术馆拥有可容纳1 800人的可移动式剧院，经过设计竞图遴选而建成。在这个细长的基地上人的移动空间变得既长又远，走在这优雅的长长通道上反而让观众产生了期待感。红色绒毯、弧形壁面、壁面上穿凿而出"具有生命力"的开口，构筑出这个建筑的特色。

127 纯白的家

纸上什么都没有写，就是白。内部空间中没有颜色、图案的墙壁与天花板，也是白。白就是没有颜色、明亮的状态。空间中有些"白"会留下模糊的阴影，有些"白"则伴随清晰可辨的阴影。有颜色的东西往往看起来比较美丽。如果我们在有颜色的地方改涂上白色，会让人忍不住皱眉。白不仅代表着一种颜色，在设计图上，白、空白、留白代表着许多的建筑词汇。白里面还有全白、亮白等不同面貌存在着。

参考：白的家 / 筱原一男

128 复杂的家

复杂的建筑会产生无法预期的冲突感，让空间呈现多样的面貌。将建筑复杂化（复合化），就是在内部空间中放进许多不同概念、不同材质的东西，呈现出丰富而复杂的结果。复杂过了头会给人"过剩"的感觉，所以它的呈现与拿捏相当重要。建筑世界中有人喜欢单纯的形体，有人喜欢复杂的设计。在混乱多样的复杂状态中，人是如何归纳这"复杂"的魅力呢？

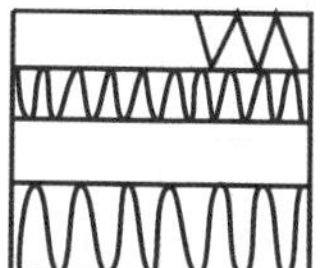

129 360°的家

转一圈就会回到原来的地方，这一圈就是360°。转360°，你会看到什么风景呢？例如走在螺旋楼梯里，你有可能转好几圈也有可能只转一圈。不管怎样，绕一圈再回来与走出去又折回来，其实都属于转一圈。小孩喜欢不停绕圈圈的空间。试着设计看看有"转一圈"效果的建筑，这将是有趣的尝试。另外，在设计建筑时不要只用单一方向来检视，应该360°来看建筑，做到真正的面面俱到。

130 | 此路不通的家

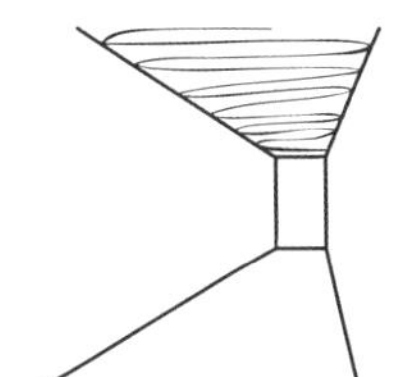

此路不通的死巷不仅出现在都市中、乡下里，就连建筑里也看得见它的身影。在此路不通的地方放上一扇门或加一些转移注意的设计，就不会让人觉得奇怪。反之，什么都没有的死巷会给人不舒服的感觉。有走到尽头又折返回来的死巷，也有走到一半突然无路可走的死巷。试着创造一条此路不通的走道。如何让人的目光停留在这个走道的尽头？如何让此处变成人迹罕至的放松空间？如果设计的时候进入了此路不通的死巷，记得要深呼吸并且赶快转换心情。

近义词：停止

131 | 透明的家

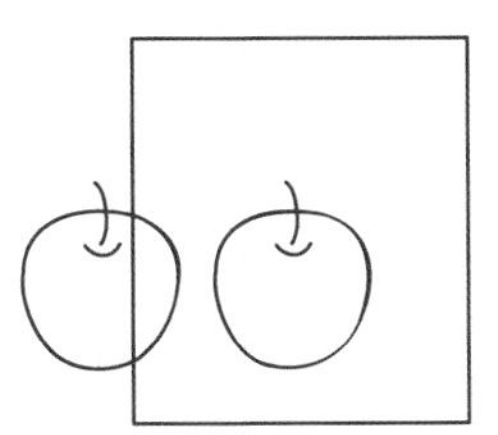

透明就是看不出来有任何东西存在的状态。建筑里的透明，马上让人想到透明的玻璃。玻璃本身虽然透明，但藏于它后面的其他东西却还能清楚看到。另外像清澈的水也属于透明。建筑里"透明"这个词代表着什么？这个问题曾引发许多议论。与其用物理特性来解读透明不如更广义地来解释它，透明就成了"更加明快的东西"。

132 | 半透明的家

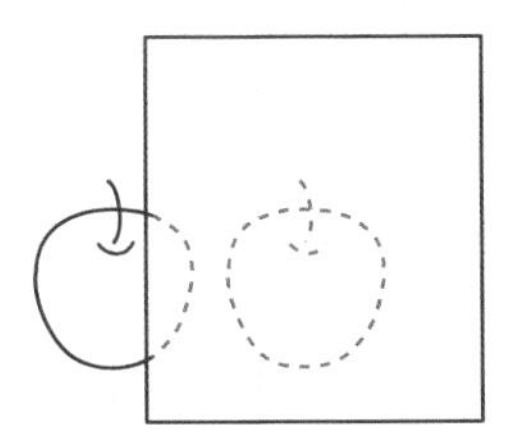

半透明存在于透明与不透明的中间地带，建筑中常出现"半透明"这个词，像和式障子门就是用半透明和纸制成。当门内开灯时，半透明的障子门就会映出门内人影的模糊影像。半透明的程度有许许多多，被运用在各式各样的情况下，因而也会产生各种不同的表情。另外将半透明的东西重叠使用会造就出另一种半透明的状态。

【实例】波坚思美术馆／彼得·祖索尔(Peter Zumthor)

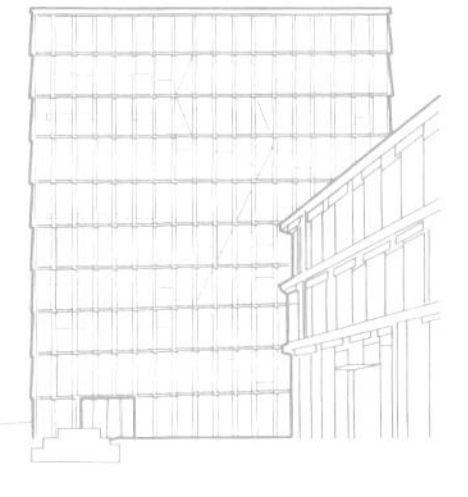

波坚思美术馆

设计：彼得·祖索尔(Peter Zumthor)

这个美术馆位于奥地利波坚思市。建筑周围有动线配置，双层墙壁的设计让内部展示空间所引进的自然光更加柔和。不只外墙，就连内墙也能因时间与气候的变化做出相应的反应。这个有深度的半透明空间将纤细的细节完整呈现。

133 | 会动的家

怎么样算是"动"呢？在建筑设计的过程中一个案子不停地修改，模型也跟着不停地改变，这种情况是一种"动"。我们再来看看建筑中有哪些东西会动呢？人与宠物会在空间里移动，风与光等自然现象也会为空间带来变动。这种种"动"，让不动的空间有了深度。去深入观察人的移动并将所有动作赋予情节，说不定会让你发觉到至今你都没注意到的细节！

134 | 许许多多的家

面对堆积如山的东西，这场景不知为何会让人有种兴奋感。这种兴奋源自于超越想象的多的东西堆在一起产生的氛围。许多艺术家运用此技巧来创作，我们是否也可运用此技法在建筑中呢？当我们将一个东西大量聚集在一起时，渐渐地我们就能看清那个东西的本质与特征。将身边的东西稍微聚集在一起来观察，能发现什么景象？这些结果又如何运用在建筑中？其实用另一个角度来看，都市就是由许许多多的建筑物堆积而成的，都市的魅力也源自于建筑的魅力。

135 | 平衡的家

平衡在许多地方都看得到。例如力学的平衡、颜色的平衡、材质的平衡等。严格来说建筑也是由平衡构成的。但是并不是平衡感好的建筑就是好的作品。也有故意创造出不平衡、有偏差的建筑，反而因其特征强烈而充满魅力。在不平衡的设计架构里，取得其他元素的平衡。平衡不仅仅只有一个面向，在许多地方也都会发生平不平衡的问题。将平衡的应用范围扩大思考，将是一个有趣的训练。

136 | 相连的家

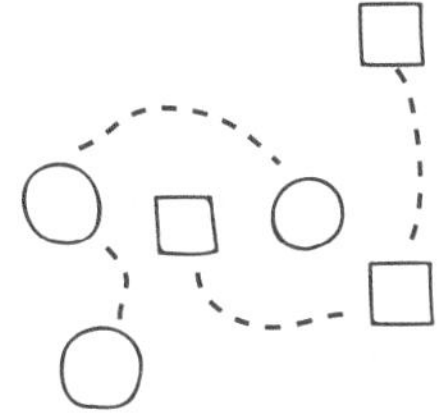

东西与东西相连代表这些东西彼此相关、互相牵扯。在建筑中，要画出这种关系图必许考虑到整体复杂的状况：所有房间的相连、不同材质的相连、所有零件的相连，甚至与这所有关系交错的“人的动线”的相连、视线的相连、远近的相连等。让我们在不同次元的空间里找出所有东西相连的可能。建筑里存在许许多多的看法。从这些看得见的相连性到其他看不见的相连性，如何将所有相连的关系整理清楚将是影响设计成败的关键。

137 | 不顺的家

让我们稍微想想：什么样的状况叫作不顺呢？当应该具备的东西没具备时、当看起来非常不平衡时、当感觉窘迫压抑时、当棱棱角角产生时，都让人觉得不顺。“不顺”的状况如果好好处理也可能逆转局势，让它成为令人印象深刻的魅力表现。“不顺”不等于“不好”。面对“不顺”，我们要抛下既有的成见，用长远的眼光来解读它。

138 | “光空间”的家

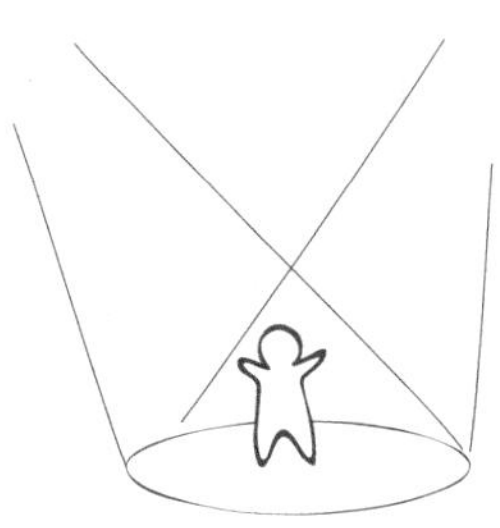

当光成了某个空间的主角，我们称这个空间为“光空间”。一般来说，当空间没有光线时，里面东西的大小与形状也将不能辨识。所以空间与光是无法分割的关系。依据建筑空间的不同，而有不同的光的表现方法：其一是让空间全体都充满了光；其二是开一个小窗，让光充满戏剧张力地照进黑暗的空间里。当空间里投射进太阳光，空间要如何表现这些光线呢？试着跳出时代的藩篱想想各种可能吧！许多举世知名的建筑作品就是靠“光的表现”声名大噪的。

【实例】廊香教堂／勒·柯布西耶(Le Corbusier)

廊香教堂

设计：勒·柯布西耶(Le Corbusier)

这个建于法国基督教徒朝圣地廊香的礼拜堂是柯布西耶最为人熟知的作品之一。主要的结构是由混凝土所建成。在厚重的墙壁上随机地开了好几个角度不同的窗，在这几个散落配置的窗口上装上色彩鲜艳的彩绘玻璃。当光从窗口透进来，整个教堂璀璨夺目，化身成一个神秘的光空间。

139 | 马赛克的家

马赛克，就像马赛克瓷砖一样，用无数个小四方形抽象地呈现图形，是一种影像处理手法。运用这种手法将图形模糊化，在模糊的轮廓里将颜色与细节抽出。计算机读取图形时，如果将像素调大就可以得到马赛克效果。阿拉伯世界里经常运用美丽的马赛克瓷砖来当作装饰。当阳光照耀在瓷砖上，那闪闪发光的效果犹如海面波光粼粼，相当动人。

近义词：像素

140 | 不安定的家

不安定的东西，虽然在构造上看来是不合理的，但人类却好像与生俱来对“不安定”充满兴趣与期待。真正的不安定会因毁坏而被消灭。所以这里我们所说的不安定，其实应该用“看起来危险，给人不安定的感觉，但状态还算安定”来定义。不安定感的造型蕴含活力与动能，可作为建筑表现的“秘密武器”。不只在造型上可呈现不安定感，颜色搭配、空间配置等许许多多的范畴都可能呈现不安定感。

参考：比萨斜塔、VoZoCo老人公寓／MVRDV建筑设计事务所

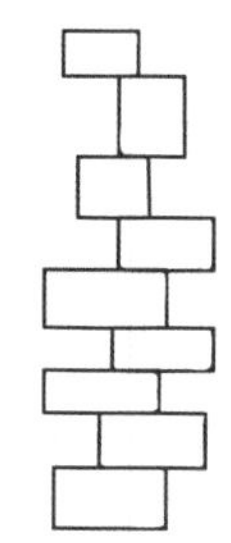

141 | 条纹的家

条纹就是无数个颜色不同的直线所构成的图形。它的记号性非常强，拥有方向性，其中直条纹与横条纹给人不同的印象。建筑中当某个建材连续排列后，就呈现具方向性的条纹状。像横向百叶与纵向百叶就是一种条纹状的细部建材。建筑平面或立面设计上也常见条纹状的配置。运用条纹状来设计时，要特别注意：线条本身的大小、线条间的距离等尺寸设定问题。

近义词：线条，条码

参考：丹尼尔·布罕(Daniel Buren)的艺术创作、马里奥·博塔(Mario Botta)的建筑作品

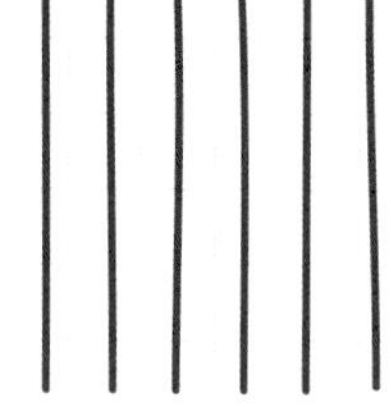

142　动静的家

当房间里透出灯光、发出声音，我们会感觉到这里有“人的气息”。如果没有“人的气息”，反而会让我们觉得不安；如果存在的是“不熟悉的气息”也会让我们心生警戒。每个人心中都存在着无形的界线，生活在同一个屋檐下人与人之间会保持着一定的距离。这种情况下“人的气息、动静”会让人际间的距离感消失于无形。从事建筑设计尤其是住宅设计时，“人的气息、动静”将是必须考量的要素之一。

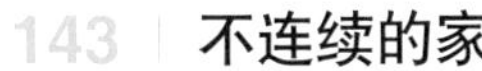

143　不连续的家

数学上，不连续的线条是指不可被微分、曲率不连续的线条。但日常生活中，“不连续”暗指着一种灾难：让某个动作、流向忽然中止；让某个线条中间断裂后、前后不相连。自然界中，地层断裂造成板块的移动、巨浪拍打后造成波形的破碎都造就了不连续的现象。不连续乍看之下给人不安定、不顺遂的印象，如果刻意将它的特质运用在空间变化中，将会产生怎样令人印象深刻的效果呢？

144　连续的家

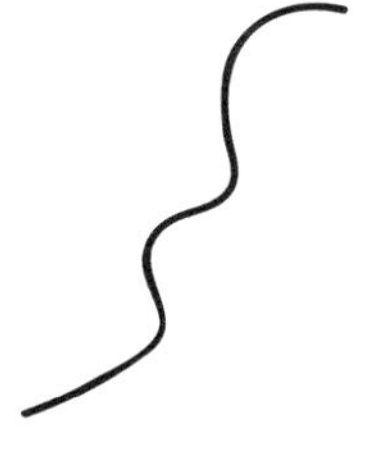

数学上连续的线条可被微分。这里所说的连续包含数学上所指的两种连续，就是将重复出现的东西继续不断地连接下去。例如，绵延连续的走廊、整排连续的窗户、整片连续的天花板。我们可以在不同状况下检讨东西连续呈现的可能性。透过连续，让不同的事物相连接，并因此定义事物彼此的关系让事物更加明确。

【实例】加拉拉特西公寓／阿尔多·罗西(Aldo Rossi)

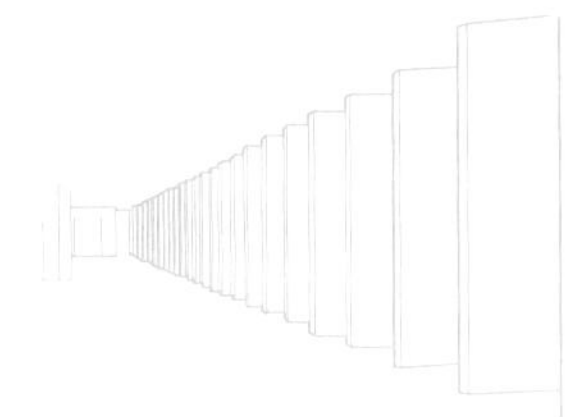

加拉拉特西公寓

设计：阿尔多·罗西(Aldo Rossi)

这个集合住宅建于意大利米兰近郊，以底层的架空空间为其特色。在这个空间里，将2层楼高的长方形细柱连续整齐地排列着。当光从这些柱子间洒落，交织出一幅光与影的对比，这美景不仅适合成为风景照，更像是令人印象深刻的绘画作品。连续的柱子没有明确目的地排列着，让这个无机的空间增添了些许抽象性。

145 | 味道的家

说到味道，让我们联想到许多东西：饭菜的味道、木头的味道、香水的味道、灰尘的味道等。有些味道让人愉悦，有些则让人不敢领教。经由空气传播的味道，让我们虽不见发散味道的根源，却可轻易透过这个味道来判断根源是谁。透过无形的味道，可将有形的生活场景给记录下来并唤起过往某个片刻的记忆。让我们好好利用嗅觉这个神奇魔法吧！

146 | 气体的家

最能代表气体的，当然就属空气了。空气，不仅存在于房间里，甚至从墙壁的隙缝到衣柜的深处都有空气存在。气体可以传送湿气，让建筑表面因过度潮湿而冒出水滴；但气体同时也能让空气对流，给空间一个舒爽的环境。若给气体一个形体，它会像云一样，拥有暧昧不明的轮廓与膨胀蓬松的内在。它可能是无色透明的，也可能像白烟一样依稀可见。这样的气体形象能为建筑带来什么启发呢？

147 | 固体的家

固体，就是块状物。建筑与混凝土或石头这类的块状物的缘分相当深。块状物是有重量的。像雪这样的块状物大量堆在建筑上，很可能会把建筑给压垮。建筑，原本就有大小之分，当进一步被视为固体后又有大小轻重之别了。固体呈现出怎样的形状呢？我们可以观察各式各样的固体，从中思考运用在设计上的可能。拿混凝土来说，它原本是黏稠的液体，经过时间的风干竟成了坚硬无比的固体！

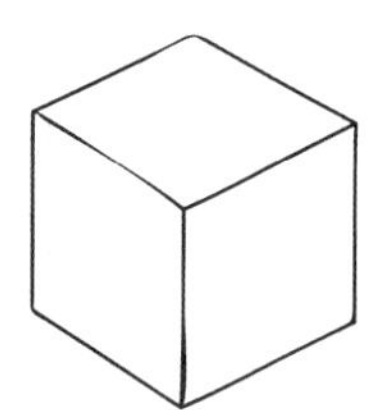

148 | 液体的家

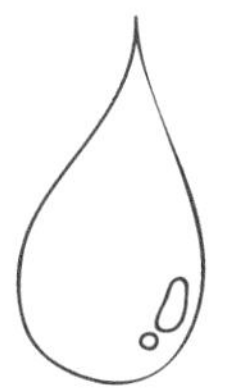

建筑，可以像液体一样吗？让我们观察一下液态的水珠：由于表面张力，水珠饱满近乎圆球形，整体造型带有一种绝妙的平衡感。当周遭环境稍微一变，水珠会产生剧烈的变动，但最后又会回复最初安定的形状。液体与其他可被数学定义的曲线形状不同，属于不定形的形状，更具魅力。液体那复杂但又纯粹的曲线渐渐成为现代建筑的词汇之一。

149 | 溶化的家

当东西从固体变成液体时，棱角渐渐消失、形状渐渐不鲜明，就叫溶化。溶化后形成液体，或形成一种不安定的形状。就像铁或玻璃一样，高温加热融化后成为一种可塑形的液态原料。但像堆积在屋顶的雪，融化后造成屋顶漏水会对建筑物产生不好的影响。像钟乳石洞或蜡烛泪滴，都是在溶化的过程中又凝固才形成这种特异的造型。溶化能创造出什么样的造型呢？真是一个相当有趣的问题。

150 | 倾斜的家

说到倾斜，从屋顶的倾斜到斜坡的倾斜等，各有不同的倾斜角度。倾斜角度大的话，人不易行走攀爬，也会造成水流湍急等现象。有些倾斜是自然形成的，有些则是人工所为。基地倾斜状况的不同，会大大影响建筑的搭建方式与表现方式。基地倾斜也不全是坏事：我们可以将倾斜基地上的房子玄关从一楼搬到二楼去。做个有趣的实验：将原本水平的平面改成倾斜，会发生什么事呢？

【实例】谷川公馆／筱原一男

谷川公馆

设计：筱原一男

这个私宅位于轻井泽，活用基地倾斜的特性将外部空间引入室内空间而得名。被引进室内的元素，除了倾斜角度一样外，地板的表面材质也与外部一样，直接用“土”来呈现。这个建筑还有大而深的倾斜屋顶，覆盖在建筑上。在茂密的森林中，这个大屋顶住宅格外显眼。

151 满溢的家

将液体注入容器，注到最满时，满满的容器会出现鼓起的表面张力，再多注入液体表面张力就会被破坏，液体满溢而出。建筑中，也有许多的层面与"满溢"有关。当收纳空间不够时，杂物就"满溢"了整个房间；当水"满溢"而出，就会对建筑物产生破坏性的影响。让我们想象一下：让某个建筑元素稍微多到满出来，会是怎样的情况？

152 收边的家

建筑物或家具的边缘往往是材料与材料相交之处，这时，要让哪个材料摆前，哪个材料置后呢？伤透脑筋的你，若不想考虑排序问题，可以将两个材料一起"收边"来解决。收边的做法虽然不容易，而且还要求精准、费心费神，但收边后整齐美丽、效果极佳。制作纸箱时，如果将箱子所有的面都收边，会让箱子看起来完全不厚！装裱油画时，就是在背面运用收边的技巧而完成的。

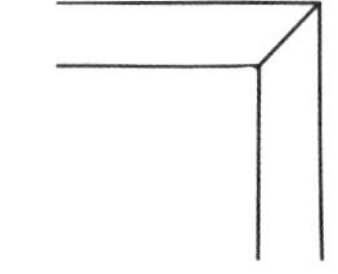

153 弹滑的家

弹滑，让我们想到果冻或蒟蒻这类东西。世上有相当多的果冻状物质，但运用在建筑上却非常之少。如果将某个建筑物全部用果冻状物质搭建，那门会长成怎样？窗户会变成如何？桌子椅子等置于弹滑空间中的用品又该如何存在？人类在这样的空间该如何生活？若真有这种空间，人类可以体验在一般空间所体验不到的新奇感受，而且一定还是能运用智慧找出生活在此的方法。实体的建材中，像硅胶就具有弹滑的特性。

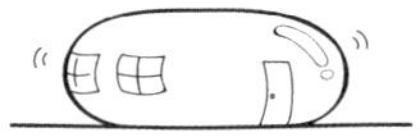

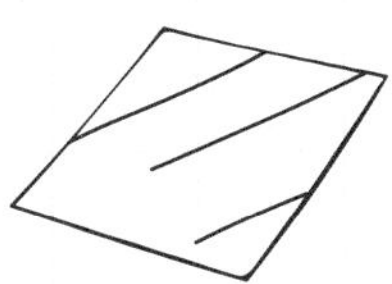

154 | 平滑的家

平滑的状态，现在我们会认为是理所当然，但以前的建筑里平滑的表面是相当罕见的。随着技术的进步，"平滑"被视为理所当然。现今的建筑，大都由平滑的面：地板、墙壁、天花板等构成。就连外墙上的玻璃也呈现完美的平滑感。通常在盖房子时，我们会选择平坦的基地着手，即使基地在山崖边，我们也会尽量弄到平整。平滑，值得我们重新思考它的运用。

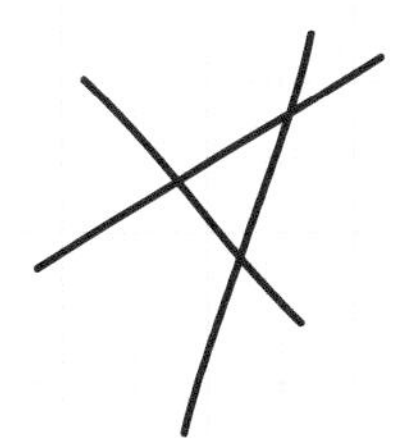

155 | 相交的家

建筑里，材料与材料相交时会产生交点。这个交点，很可能成为结构的一部分。随着相交状况的增加，若有3个以上的交点，就能成一个面。建筑，是由各式各样的材料一层一层往上交叠而成。其中最令人感兴趣的，就属不同材料交叠时让材料彼此不相冲突而下的功夫。如果在意外的情况下产生相交，也就是原本不该相交的东西相交了，这个相交的瞬间将会给你新的发现！

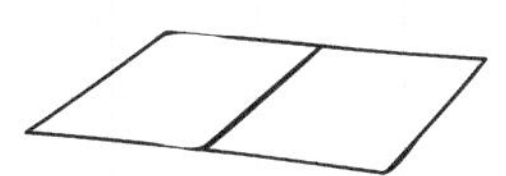

156 | 平面化的家

东西与东西相邻而接时，表面密合且平贴的状态就是平面化。当表面密合且平贴时，它就呈现没有前后差别的平滑感。将两种材质密合到完全平面化时，材质间的阴影与深度会消失，立体的材质瞬间变成薄薄的平面。在平面化的驱使下，建筑看起来不再是一个实心体，而是由面与面组成的空心空间。近来，平面化的效果不仅由表面密合而来，当建材的厚度压到最薄时，透过窗口往建物内看也能看出平面化的端倪。

【实例】朝日报社山形大楼 / 妹岛和世

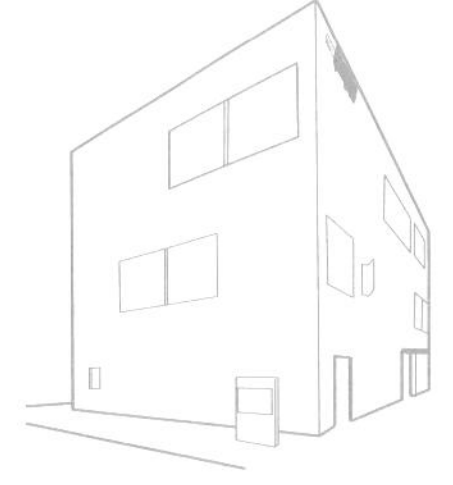

朝日报山形大楼

设计：妹岛和世

这栋报社大楼由于外墙的窗口玻璃完全无缝平贴，让整个建筑呈现令人印象深刻的立方体。整栋建筑运用"平面化"这个去棱去角的、简洁的概念贯穿，但要落实它却需要高度的施工技术与智慧作后盾。这个纤细却有力的建筑，不会因为"平面化"而减轻它的存在感。

157 | 硬的家

最硬的家要算是石造住宅了。当然钢筋混凝土造的也不遑多让。当我们触摸、敲打物质表面，就能知道它有多硬。不同物质有不同的硬度。像钻石就拥有无人能及的硬度。但当我们无法触摸到某个物质时，该如何判断它的硬度呢？其实用眼睛也能判断。当物质的边端尖锐表面平滑可能就是坚硬的。用手摸起来的硬与用眼睛来判断的硬有什么不同呢？整理一下它们各自的特征，将会产生有趣的结果。

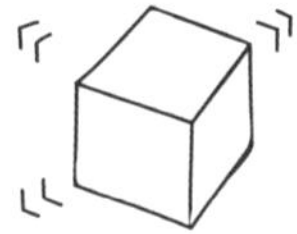

158 | 软的家

用柔软的材料也可能搭建出一个家。木造住宅就是一例，它的屋顶是用柔软的藁铺排而成。运用软性材料搭建而成的建筑，经过一段时间，就必须重新更换这些材料。像帐篷、空气圆顶等东西，就是属于建材中相当柔软轻盈的材质。另外，柔软的东西没有尖锐的棱角在外型上比较不明确，但它的内部可能含有较多的空气。

159 | 粗的家

粗的柱子、粗的扶手等造型粗大的东西，给人安定感与安心感。从使用的顺手度来看，太粗的东西有时候握拿并不方便。但粗大的东西容易给人厚重感与豪华感。如何判断东西的粗细？可以目测也可以伸出手去触摸，用身体去实际感受。粗细其实是一种相对的观念。同一个东西与周遭的东西相较之下，有时候会看起来粗，有时候则看起来细。

160 细的家

纤细的东西，如果成为空间中的承重构造将会让整个空间变得纤细轻盈起来，例如梁或柱。细的扶手虽然不容易使用，但它的存在会为空间制造一种纤细的氛围。从事建筑设计时，我们常常在"强调机能"与"形塑气氛"的选项之间挣扎徘徊。什么样的空间算是"细的"空间呢？狭小的空间吗？朝着这个方向去探讨，应该会相当有趣。

161 重的家

想知道东西的重量，不实际拿拿看、测量看看，是不会知道的。但巨大的建筑物无法拿到秤上去测量，即使告诉我们建筑物有多少吨重，也会让人完全摸不出头绪。建筑物的重量，不是用几斤几两的数值来表现，而是透过量体、形状、素材、造型等元素来呈现。运用造型的变化，创造出深具厚重感的建筑的例子不少。究竟重的东西会为家带来什么效果呢？思考重量感与生活的关系，说不定会让你创造出"重不可测"的建筑！

162 轻的家

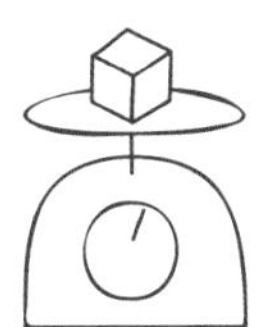

东西有多重？不拿到秤上去测量是不会知道的。我们常常用目测、用大小比例就判断这个东西应该很轻。非常轻的东西，会浮在空中、飞到天上。而让人感觉轻的东西，则是通过物质的状态来呈现。例如：没有阴影的白色均质空间，就让人觉得轻盈。空气本身也会因为温度高低而变得轻重不同。像暖空气就比较轻，会慢慢地往上飘升。

【实例】四角气球／石上纯也

四角气球

设计：石上纯也

在短期特别展期间，这个建筑艺术作品陈列于美术馆挑高中庭，用重约1t的巨大四角形铝箱来表现浮在半空中的气球。作品的实际重量用目测是绝对不行的，它那巨大的重量感配上浮游于空中的造型，给人不可思议的感觉。

163 | 特异点的家

"特意点"，源自数学用语，一般是指"没有相接连的线或相接连的平面的点"。在有秩序的、连续的世界里，突然不守规矩地出现在范围之外的就是特异点。广义来看，特异点，就是与众不同的点。在某些场合，特异点代表着特别的、有特色的重点；但在另一些场合，特异点却是让人避之不及的缺点。

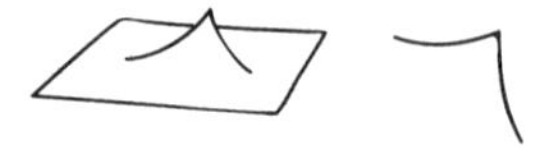

164 | 均质的家

均质，泛指那些没有变化与差异的均一状态。近年来，建筑有追求均质空间的趋势，大家都将目光放在无限扩展的连续性与普遍性上。建筑中有许多均质的表现。像将凹凸不平的土地与场所弄到平坦就是均质化的一种。为了呈现"均质"，往往相对的状况——"不均质"会一并出现。或者我们可以说：必须有"不均质"这个对照组的存在才能衬托"均质"的不凡。

165 | 整齐排列的家

整齐排列，就是规则严谨的排列状况。根据排列状况的不同所呈现的"整齐感"也会有细微的差异。当我们看到整齐排列的状况时，通常都会觉得很美。建筑上，特别是大规模地将同样东西重复呈现的集合住宅，经常采用"整齐排列"手法来设计。拥有垂直交通的办公高楼，也常运用"整齐排列"手法。建筑外墙上的窗户，是整齐排列的呢，还是零乱散置的呢？这将大大影响建筑给人的印象。

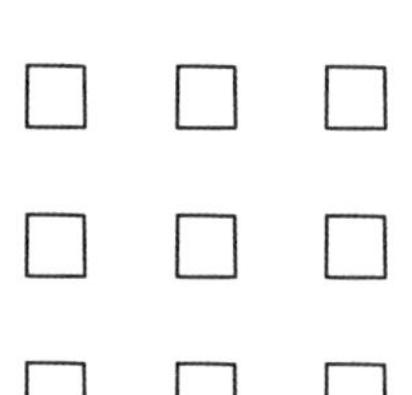

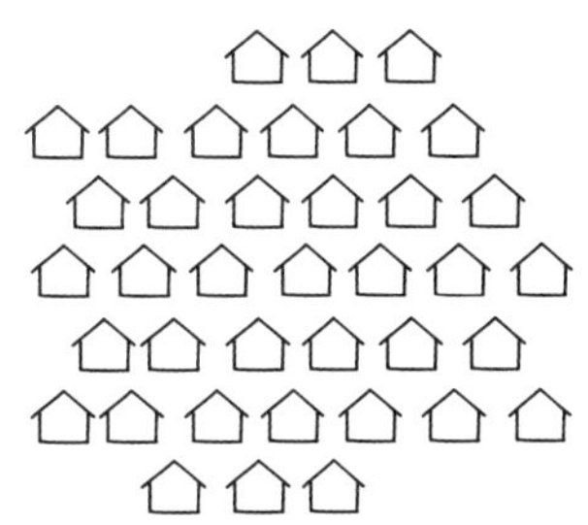

166 | 多的家

并不是“多就等于好”。近年来，All in one的概念正流行，将许多机能集中在一个装置里蔚为壮观。对建筑来说，数量众多的本身，就具有其意义的强化。例如，比起一个大窗，众多小窗的呈现更能捉住目光；比起一个大房间，许多小房间的存在更具特色。想想看：怎样才能呈现出“多”呢？要注意，如果多到过剩的话，反而给人杂乱、古怪的感觉。设计时，平衡感的拿捏相当重要。

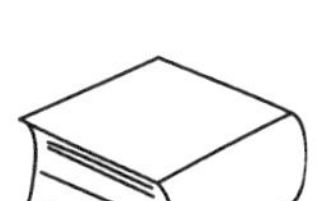

167 | 厚的家

厚重的墙与厚重的地板，让这个建筑看起来非常坚固，另一方面，人住在里面的空间就被压缩、变狭小了。厚度除了由物体本身的厚薄来决定，也可以由物体里可以被收纳进去的量的多寡来决定。像建筑里可放进多少柱、梁、管线，甚至人，就是判断基准。想知道东西实际的厚度，可从其侧面来测量，或轻敲表面从回音来判断，也可直接穿过物体而得知。当“厚”转变成“薄”时，当穿过那厚与薄的分界线时去界定、定义它，将变成一个有趣的议题。建筑中，不同部位有不同的厚度要求，这之间的关系值得我们注意。

168 | 薄的家

“真希望再薄一点！”你是不是也曾这样想过。薄，并不全然等于好，但当想让建筑与空间看起来更轻盈时，薄的呈现将会产生令人满意的效果。在某些地方开个小窗，将会让建筑物比原本看起来更轻薄。另外，边缘处的锐角、高低差的产生，运用这些眼睛错觉产生的效果，也会让建筑看起来轻巧。以前的木造住宅除了承重结构之外，其他部分几乎都用薄薄的板材小心贴合、收尾、隐藏其内而成，就像将纸张一层一层堆叠贴合后，制作出的小道具一样。

【实例】1998年布里斯班世博　葡萄牙馆／阿尔瓦罗·西扎(Alvaro Siza)

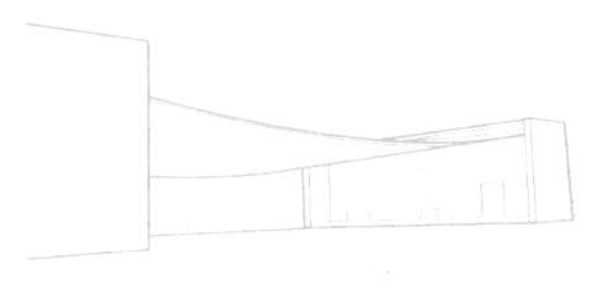

1998年布里斯班世博 葡萄牙馆

设计：阿尔瓦罗·西扎(Alvaro Siza)

这个特设场馆，由一个足以覆盖整个典礼广场的大屋顶组成。这个混凝土制的大屋顶长达65m、厚度仅20cm，用钢制缆绳左右悬吊撑起，整个屋顶远看像一块布。这个部分与结构大师塞西尔·巴尔蒙德(Cecil Balmond)共同完成。

169 长的家

我们常常需要在建筑图面上标记长度。像走廊或柜台等，都是用人体长度为基准，来标示这个部分该有的长度。有了基准或有了一个比较对象，"长度"这个概念才应运而生。另一方面，如果梁或管线等部分构造很长的话，这意味着力学上与倾斜度上的技术配合相当重要。长是一种程度上的感觉，例如说到"非常长"或"有点长"，就给人不同的解读。所有的事物都有其长短。去发掘新的"长"，应该会很有趣！

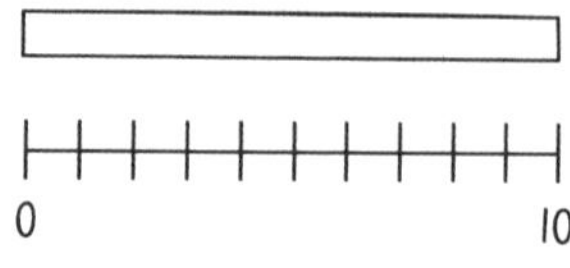

170 短的家

日本有句俗话"向强(长)者低头"。建筑设计里，会因为"短=弱·不足"，而把东西设计得长一点吗？在判断怎样才是最适合的长度时，短往往被认为是钝的，会引发人们去期待成长空间与喘息空间的因子，所以反而具有"不向强(长)者低头"的强烈意识。在进行建筑设计的发想时，时间虽然短却有无数个创意迸发出来，为的就是要小心处理建筑这个具有永恒性的东西。

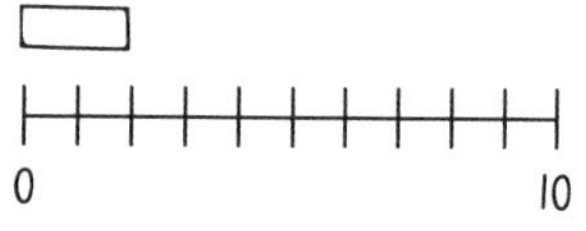

171 渐层的家

渐层，是表现东西浓淡状态之词，其颜色或浓度的变化方向不同又可区分为直线型渐层、放射状渐层、波纹状渐层等。渐层也有黑白与彩色之分，像用颜色来区分人体温度差异的"红外线热像图"就是用彩色渐层来呈现。相较于这种肉眼看不到的渐层，许多渐层那渐渐变化推移的美被广泛运用于图像设计上。我们可以针对渐层的特性，再次评价与思考。

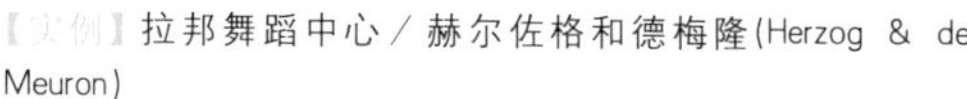
【实例】拉邦舞蹈中心／赫尔佐格和德梅隆(Herzog & de Meuron)

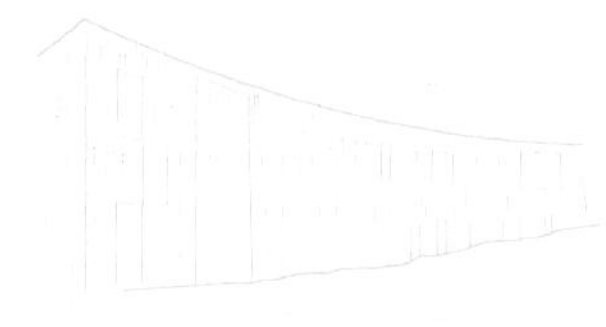

拉邦舞蹈中心

设计：赫尔佐格和德梅隆(Herzog & de Meuron)

这个位于英国伦敦的舞蹈中心，同时拥有舞蹈练习教室与表演大厅。建筑外墙施以淡雅的粉色系渐层色，搭配上建筑本身和缓的弧形曲线，产生一种不可思议的效果。

172 | 细长的家

江户时代，课税的标准是用家的正面宽度来计。民众为了要少缴一点税，于是将家设计成正面窄、侧面长的细长形住宅，这种日式传统的“町家”造型因此诞生。长屋形式的“町家”拥有长不见底的深度，往里面走时没有走廊，房间一间连着一间，中间部分还是暗间。这种极具特色的空间用现代的眼光来看是相当值得玩味的。建筑平面可以呈现细长形，那建筑剖面呢？着眼于房子的宽度与高度的比例，想想看：剖面细长的房子会变成怎样？

173 | 脏污的家

建筑物不会永远保持干净。经年累月之后，建筑会被人所弄脏或由风雨侵袭后自然变脏。一般说来，脏代表着否定的、负面的意义，但同时也被解读成“有质感的”、“有味道的”。建筑设计中，常常取其积极的意义。想想看：一个已有数十年历史的老房子，在长期的摧残之下会呈现怎样脏污的面貌？

参考：利口乐欧洲公司生产与仓储大楼／赫尔佐格和德梅隆(Herzog & de Meuron)

174 | 和缓的家

将有高低差的场所相连后，会出现该土地地形的原貌——“和缓”地形。“和缓”这个词，也可用于形容人的个性。当形容一个建筑物是“和缓”的时候，代表这个建筑给人柔和亲近的印象。待在斜度“和缓”的丘陵或广场会让人觉得沉静而放心。积极地将“和缓”这个元素运用在建筑设计上的案例比比皆是。“和缓”不仅是一种状态，也可能是一个变化的瞬间。想想看：建筑与空间突然变“和缓”的瞬间是什么情况？

【实例】田园广场

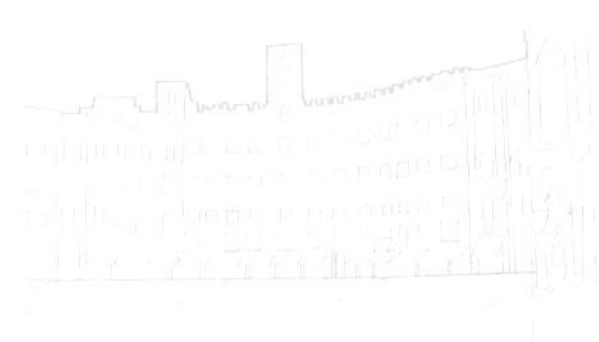

田园广场

田园广场，位于意大利托斯卡纳地区的锡耶纳市，是世界知名的广场之一。整个广场运用丘陵状的地形从中心向外放射，宛如一个研磨碗的形状，迎接进入广场的每个人。太阳下山时，成百上千的人渐渐聚集在此享用晚餐。广场地面微微倾斜就像山丘一样，让人或坐，或卧，或翻滚，好不惬意。

175 | 水渍的家

当液体渗透出表面风干后会产生水渍。大量的水，被物体吸饱成海绵状，这海绵状的表面会有水渍；少量的咖啡，从杯子里不小心洒在桌上，这桌上的痕迹也叫作水渍。液体与桌面的关系就像图与纸的关系一样，而水渍，就像存在于图与纸中间的阴影。注意一下液体渍痕产生后，会有什么变化？就拿染布技巧之一的“蓝染”为例，染后的渍痕除了带来视觉的美观外，也让布料更加强韧、耐用。观察不同的水渍状态，想想看它们能为建筑带来什么效果。

参考：绘图上的染色技法

176 | 新的家

新买的衬衫、新鲜的蔬菜、新盖的房子，虽然都是新的，但这个新并非意味着至今从未见过的新。仔细想想，一般所谓的新，都是与老旧的、脏污的、受损的情况相比，而呈现暂时性的FRESH状态。在这里，让我们从多个角度来思考建筑里的“新”代表什么意义。从相当古老的建筑、场所与街道去探究，相信一定会有崭新的发现！

177 | 抑扬顿挫的家

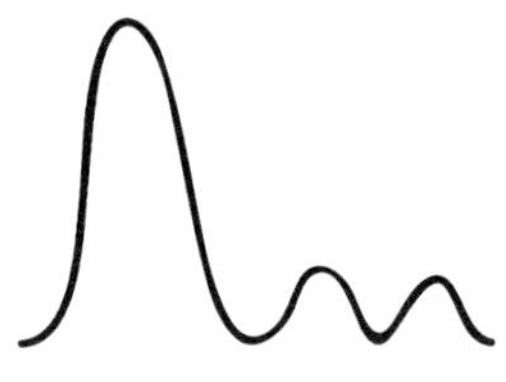

抑扬顿挫，就是语调上、空间上的松与紧的呈现。人们会话时，抑扬顿挫的表现相当重要。一样的谈话内容，用不一样的语调来表达，将会给人完全不同的感受。当说话者抑扬顿挫的节奏与听话者所预期得不同时，会给人一种无所适从的冲击感与强烈的印象。建筑里，要如何呈现“抑扬顿挫”？试着去找出：能让空间或建筑呈现抑扬顿挫的方法或反向去探究：让建筑呈现毫无抑扬顿挫效果的技巧在哪里？

【实例】港北的住宅／TROUGH建筑设计事务所

港北的住宅

设计：TROUGH建筑设计事务所

这个钢筋混凝土造的住宅拥有多面立方体的外观，没有隔间的内部通透空间则被设计成山谷相连的丰富地貌意象。与其他没有隔间的通透空间所呈现平坦而均质的状况不同，这栋住宅由高低起伏的大屋顶所覆盖，因而呈现一种具有抑扬顿挫感的通透空间。

178 滑顺的家

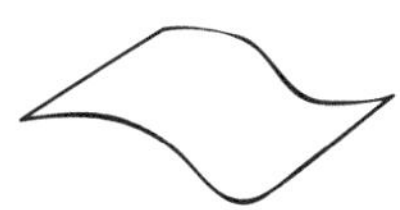

"滑顺"这个词给人亲和的、造型美丽的印象。拍摄动态画面时，如果将快门速度调慢，被瞬间撷取的动作就会呈现一种"滑顺"感。家基本上是定住不动的物体，那么它要怎么表现出"滑顺"感呢？建筑中除了滑顺的动线、滑顺的形态、滑顺的扶手、门把等，还有什么可以很滑顺？将目光放在建筑中可能会发生的动作或运动，应会有所启发。

179 胴体美的家

人类的骨骼结构大致相同，但体型却各式各样。建筑也是一样的道理。虽然建筑物都具有不易毁坏、不易倾倒的构造，但使用不同造型的构造材料，建筑物会呈现不同的型态。例如，用石头堆叠搭建出来的空间与用新建材堆叠搭建出来的空间，完全不同；人们在有厚重墙壁的空间与在有轻薄墙壁的空间，体验也全然不同。如果将建筑的外衣全部剥光，剩下一具赤裸的建筑胴体，会是什么情况？这个胴体的美应该与构造、比例大大相关。

180 老旧的家

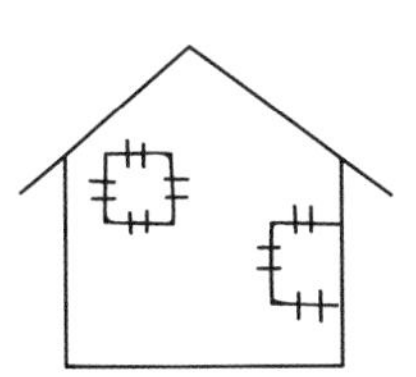

针对"老旧"来思考一下吧！建筑有时候会追求"看起来老旧"，让新东西快一点习惯现在的空气。手法有很多，例如：将不锈钢材拉丝处理使表面呈现无数刮痕；将闪亮亮的镀锌材质用磷酸处理，使表面出现锈蚀；制作窗帘时舍弃全新全白的布，改用未加工的半成品布。如果你是被新的东西团团围住，与其把它们全都改制成"看起来老旧"的东西，不如一开始就离这些很人工的新玩意儿远一点。这心理就好像新买了一双休闲鞋，刚落地的新鞋闪闪发亮、好不耀人，却为了避免尴尬，想赶快把它弄脏。

【实例】古堡美术馆 / 卡洛 · 斯卡帕（Carlo Scarpa）

古堡美术馆

设计：卡洛 · 斯卡帕（Carlo Scarpa）

这是将意大利威诺纳的古堡的一部分改建为美术馆的作品。虽说施以"改建"的手法，但由于新旧要素完美的融合让人乍看分不出什么是原本的建筑，什么是之后改建的。斯卡帕舍弃在古老中注入新的元素的对比手法。而是采用细腻的融合手法，让老师傅修复古迹的精神体现在所有细节里，让人感觉不出空间的新旧差异。

181 歪斜·微小变化的家

感觉敏锐的人，若置身于古老建筑中，应该会马上感觉到经年累月的摧残下，建筑的地板、墙壁等处已有不平、歪斜等状况产生。有些人会故意将歪斜与微小变化放入建筑设计中，古希腊的帕特农神庙就是一例。即使完全水平，透过人眼睛的"感觉"处理后，也会是看起来歪斜的。如果要让圆柱看起来一样细，可以将中央稍微膨胀；如果要让柱子底座看起来成一直线，可以将底座中央抬高几厘米。可以感觉到吗？希望大家能注意到这样细微且刚刚好的变化所带来的影响力。

182 大方的家

大方，无法清楚地界定它的形状和定义。甚至，若问大家对大方有怎样的感觉，也会得到因人而异的答案。去探究大方的范围、界线，应该是一个有趣的题目。说到大方与优雅我们通常会想到，提供比"必要"还多的数量、有气质又感觉很好的样子。在十分宽广的空间里，大窗将大量的光线引入，映照着室内令人心情愉快的大片装饰，这是何等大气的感觉呀！有人认为大方或优雅太奢侈了，有人则嫌再怎么大方都不够。让我们想想：怎样才是既大方又优雅的状态呢？

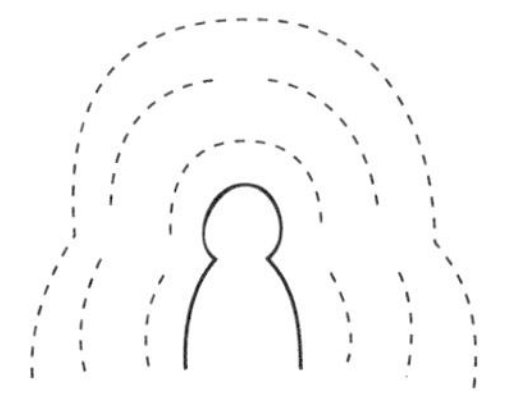

183 相接·不相接的家

思考建筑的构成时，若将各式各样的房间浓缩成一个，这个空间将会变成有整体感的开放场所。当然，也可将各式房间作大小之分，将大小不一的房间分散配置在基地上，房间便成了个别独立的场所。这时去思考房间之间的相接方式：房间大小与相接处开口形态是否有关？究竟要"相接"还是"不相接"？"相接方式"与"相离方式"会产生怎样的空间效果？这些都值得我们探究。

【实例】瑞士联邦理工大学 学习中心／设计：SANAA

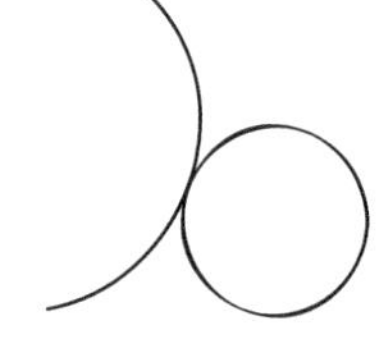

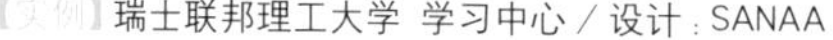

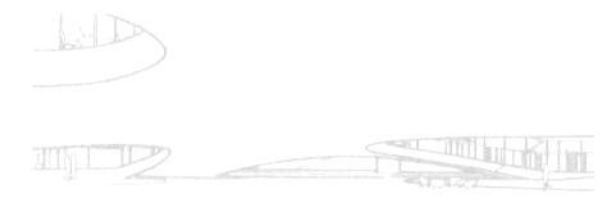

瑞士联邦理工大学 学习中心

设计：SANAA

这是建于瑞士洛桑地区的大学图书馆。这个建筑主要用上下两大片水泥板，在保有一定的天花板高度的同时和缓地上下起伏着。若将目光投向建筑与地面的关系，你会发现水泥板与地面时而相接、时而不相接。人们沿着这个相接、不相接交错而生的隙缝空间潜入这个奇妙的建筑。

D 部位・场所
Part, Place

184 | 顶端的家

有屋顶的建筑就有其顶端。顶端是又高又特别的场所，是离天空最近的地方。我们可以仰望顶端、登上顶端、甚至触及顶端。顶端拥有开阔的景色，却也是风强而有点危险的地方。在顶端，有卫星天线矗立着，有鸟儿停留着，也有雷劈打着，顶端拥有各式各样的风景。

顶端这个词代表着"最顶部"，例如表格顶端；也代表着"上面"，例如桌子顶端。

近义词：头、顶

185 | 平台的家

说到平台我们马上联想到车站月台，而建筑上的地基台座也是平台的一种。在地基台座上搭建东西将使东西看起来更气派。但地基的存在，无形中将建筑物与自然地形分离开来不相接触。让人觉得建筑物是建于新设的地基平台上的。虽然地基的存在有其效果意义，但却让建筑与地面无缘再聚。广义来看，平台也意味着规格与规则。善于建立规则将大大地帮助建筑设计的进行。让我们想想创造环境，创造平台的可能性吧！

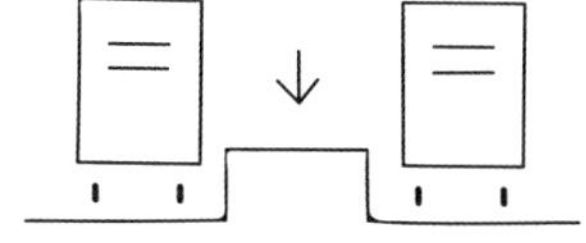

186 | 边缘的家

边缘，是个让人欲罢不能的主题。房间的边缘、甲板的边缘、山崖的边缘等，边缘是一个特别的场所，这个场所小到往往只能容得下一个人。用摸索隙缝的心情去研究边缘空间你将会发现研究很值得。让我们思考一下"感觉超好的边缘空间"的各种可能。平常被忽视的小空间，很可能成为建筑里最有趣的地方。另外在决定建筑整体设计时，边缘处的细微做法将会大大影响整体所代表的意义。边缘处的处理不得不小心！

近义词：角落

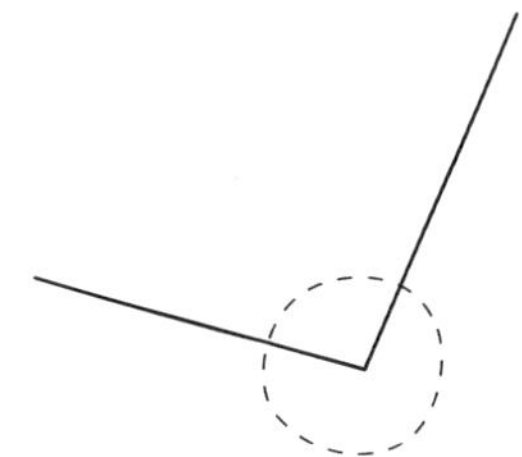

187 | LDK的家

LDK

L＝Living客厅、D＝Dinning餐厅、K＝Kitchen厨房。这三个空间有各自独立的，也有呈现LD＋K或L＋DK等组合的。小住宅的话常省略L，让D兼具L的机能。这样的想法源自西方国家，将L、D、K划分清楚后再合并出现。LD＋K将不同机能的空间作区分让味道的问题解决了，并在客厅这个宽敞舒适的空间里摆设餐食、接待客人让空间发挥它最大的功能。试着将L、D、K个别隐藏起来，去发想LDK的可能提案。这三个空间的组合方式与区隔方式的不同会让家的印象与空间的关系也变得不同。

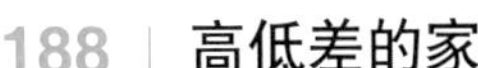

188 | 高低差的家

高低差与阶梯的意思不同。爬上一个阶梯，感觉来到了不同领域；赋予空间些微的高低差，这个空间感觉被区隔成两块。就好像跨过玄关处的门槛一样，高低差的存在象征着心理因素上的领域与境界。看到高低差会让我们自然而然在上面坐了下来。高低差有许多令人意外的活用方式，好好地利用它应该会创造出有趣的作品。不过高低差也有不好的一面，如果不小心使用高低差的话会因脚步没踏稳而摔成重伤！

189 | 内部外部的家

out

内部建筑上说来相当于室内空间。在这个与外界隔绝的世界里，透过开窗与外部有了联系。相对于此，外部就是这以外的部分，也就是建筑的外侧。建筑的外墙是内外境界的交接处，外墙是唯一与外侧无限扩展的空间相接的。建筑的特征来自于内部、外部的空间样貌所呈现的变化。例如拥有中庭的家，家的内部空间就像一个甜甜圈形状，而中央被挖空的中庭区域属于外部空间。

【实例】住吉的长屋／安藤忠雄

住吉的长屋

设计：安藤忠雄

这个长屋型住宅，内外皆采用清水混凝土来建，住宅正面仅2间宽（360cm）深度却有8间深（1 440cm），呈现细长造型。整个外观是闭锁的，主要的采光来自长屋中段三分之一处的中庭。这个中庭不仅纳入大量光线，也把风、雨、雪等自然气候的影响毫不遮蔽地接受进来，真可谓一个“不畏风雨”的果敢设计。这种探讨人与自然的关系的住宅值得我们深思。

190 | 门槛的家

就像"跨越门槛"这个词所说的，门槛，就是为了区隔空间在地面上制作出的高起条状物体。遇到它必须迈开步伐。实际上，当我们遇到拉门的轨道沟缝或推门的门框底侧，这样的门槛形式时，就会下意识地将空间作区隔。说到门槛，让我想起小时候常被大人指责："绝对不要踏到门槛！"，以及形容某些高攀不上的大户人家"门槛很高"！

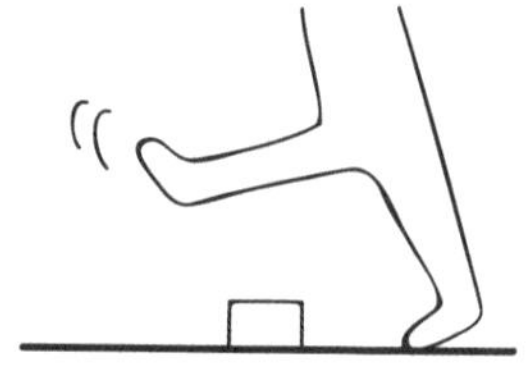

191 | 中间领域的家

建筑中"中间领域"这个词，意指处理内与外的议题时无法说明清楚的灰色地带。因此，为了方便行事，就将这个地带称为"中间领域"。与它相似的字眼还有"内半部·外半部"，当所处领域的界定是暧昧不清的时候，就用这样的词来说明。中间领域，有些是本身具有剧烈变化的区域，有些则是可以缓和剧烈变化的缓冲区域。像日式沿廊或屋檐下，就属于"中间领域"空间。

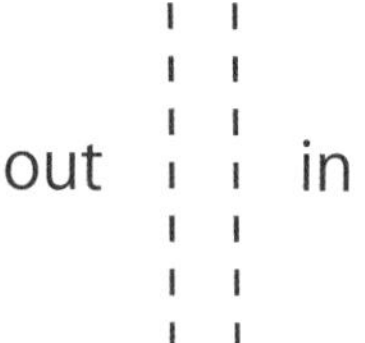

192 | 框架结构的家

Rahmen可不是我们熟悉的拉面，而是建筑的结构用语。意指柱与梁在接合处完全固定的构造型式，也叫框架结构。与用螺栓接合的桁架结构不同，框架结构用坚固的钢材来接合，没有多余的斜材。由于拥有强固的接合处，框架结构具有极大的抗弯强度，也因此，让许多自由设计的建筑物结构上都不成问题。框架结构是现代建筑的产物，特别是框架结构中的钢骨结构更是常见。钢筋混凝土构造里，也有框架结构与壁式结构并用的"壁式框架结构"。

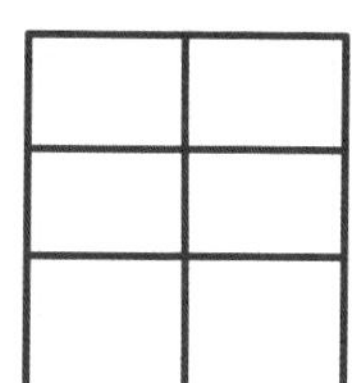

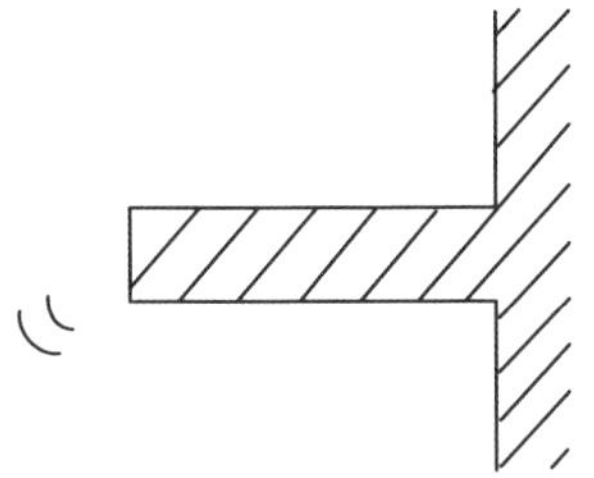

193 | 悬臂的家

悬臂，是指单侧支撑突出于物体外的形式。很多知名的建筑作品就是运用悬臂概念来设计的。悬臂，可以创造出仿佛不需要柱子的空间，让建筑物像浮游般存在着。悬臂的价值是依它突出于外的程度而定，越突出于外越惊艳，但同时摇晃可能带来的负面影响也越大。悬臂，可以让建筑物突出于半空中，可以创造出令人惊艳的形式。

参考：WoZoCo 老年公寓 / MVRDV建筑设计事务所

194 | 屋顶上的家

人们爬上屋檐，就来到了屋顶上。都市中，建筑的屋顶上通常堆放着逃生设备。让我们更积极地将屋顶功能发挥在建筑上吧！屋顶，因为是建筑物的最顶端，所以景色当然与地面不同。在屋顶上呼朋引伴开party啦、晒日光浴啦，都不用在意外界眼光，是一个可以保有隐私的外部空间。最近也流行在屋顶辟一块自家菜园。让我们扩大运用出屋顶的各种可能！

参考：萨夫伊别墅 / 勒·柯布西耶(Le Corbusier)

195 | 中庭的家

中庭，是在内部空间中将外部空间引入的一种手法。而且由于存在于内的中庭与外界隔绝，所以可以保有隐私。但由于在内部挖出了一块“口字形”中庭，使得围绕着它的动线空间变多了，建筑基地不够大的话会显得非常拥挤。小坪庭也拥有一样的性质，但空间需求没那么大，通常设置在走廊侧边或房间角落。有了中庭，让围绕在中庭四周的每个房间都有了风景。我们可以多加留意这种观赏与被观赏的关系。

【实例】津山的家 / 村上彻

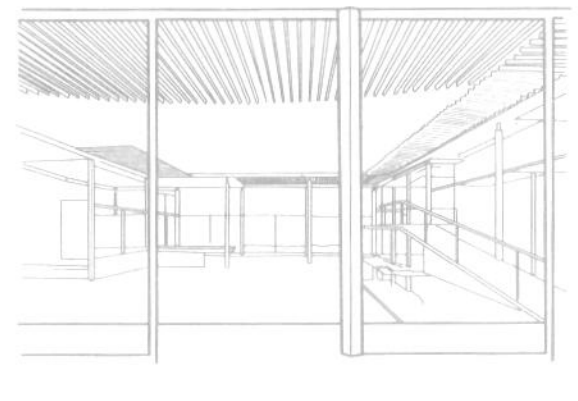

津山的家

设计：村上彻

这个拥有中庭的住宅建于郊外。建筑物被整面没开窗的混凝土外墙围绕着，相对于此，内部中央因为中庭的设置，让内部空间全面开放。中庭内平静无波的水池，酝酿出空气中寂静的因子。这个中庭比起一般日常所见的中庭，更有一种不食人间烟火的特别气质。

196 | 缝隙的家

建筑中，有各式各样的缝隙存在：门缝、壁缝、地板缝隙等。缝隙除了是一种缓冲空间，也可以透过它窥视对面的状态。说到缓冲空间，我们会想到外壁的空气层、楼板下的换气空间、门四周的缝隙，这些空间都以物体旁的一层空隙形式存在。都市里存在着许多缝隙，建筑物与建筑物之间也有缝隙。这些缝隙除了可以明确地将区域区分开，也可以将责任范围作一划分。

197 | 平面的家

平面图是建筑所需的最基本的图。不动产讯息里，通常不刊载其他的图只刊载平面图。平面图也可以说是一种"说明建筑的语言"，建筑物的各种信息都藏在平面图的细节里。建筑设计者会应客户的需求与周边的环境，画出平面图。制图期间为了让图面更美丽地呈现，往往会不经意地加入更多元素，于是产生了所谓的"纸上建筑"。这种"纸上建筑"，往往平面图画得非常漂亮，但实际空间是不是真的那么漂亮就不能保证了。不过，世界知名建筑的平面图多半也都画得很漂亮。

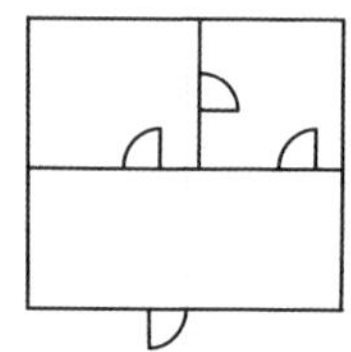

198 | 屋顶的家

屋顶是为了保护建筑物内部不被雨、雪侵袭而存在的。它虽是建筑物固有的一部分，但其形式与材质因为地区的不同，而有各式各样：有的又大又华丽、有的小到几乎看不见。屋顶在不同的比例高度上呈现不同的表情，从而大大影响建筑物给人的印象。用实际视线高度来确认屋顶的设计，相当重要。某些地区，连绵而整齐的屋顶是该区景观的一部分，这时就需要特意将屋檐设计作一统一。

【实例】屋顶的家／手冢贵晴和手冢由比

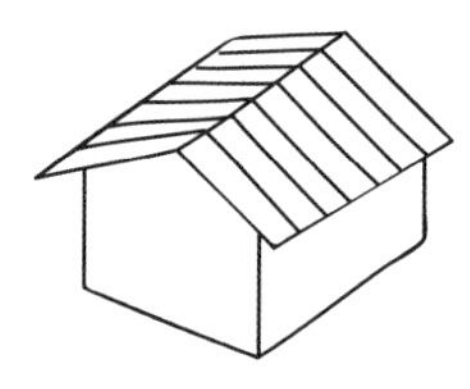

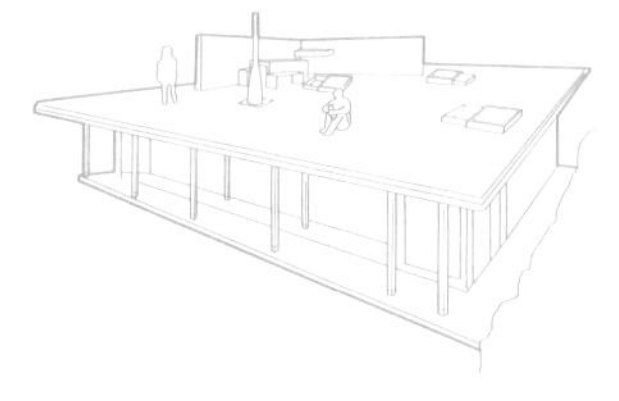

屋顶的家

设计：手冢贵晴和手冢由比

这个住宅，建于条件非常好的四面通风采光的基地上，是一个明快而清爽的生活空间。设计师将屋顶设计成为生活中的一个场景。这个屋顶上的空间不像传统可以聚会的空中花园，而是特意保留屋檐的感觉，让人有"爬上"屋顶、"行走于"屋顶上的趣味感。

199 | 开口的家

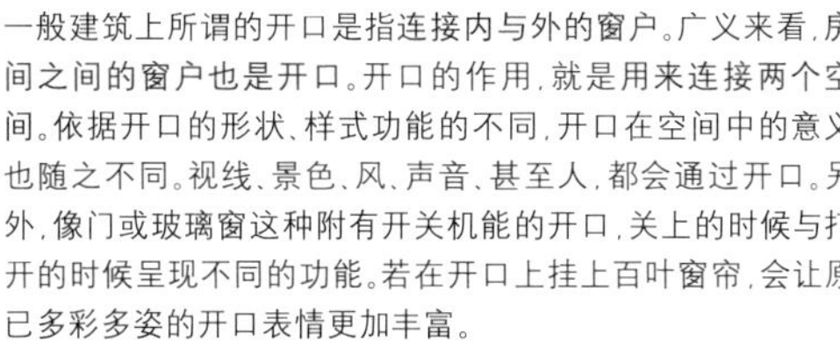

一般建筑上所谓的开口是指连接内与外的窗户。广义来看，房间之间的窗户也是开口。开口的作用，就是用来连接两个空间。依据开口的形状、样式功能的不同，开口在空间中的意义也随之不同。视线、景色、风、声音、甚至人，都会通过开口。另外，像门或玻璃窗这种附有开关机能的开口，关上的时候与打开的时候呈现不同的功能。若在开口上挂上百叶窗帘，会让原已多彩多姿的开口表情更加丰富。

近义词：窗

200 | 剖面的家

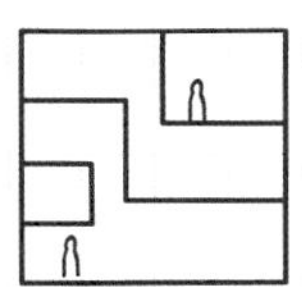

不动产情报里，通常只见平面图的身影。但事实上，建筑设计的剖面图比平面图更能清楚说明空间的细节。例如平面图上，即使用记号来标示挑高空间也会让人不容易理解。剖面图上，除了可以标明构造、材质、表面工法等细节，在屋檐处的接合等需要细部施工说明时，运用剖面图还可以巨细靡遗地完整解说所有细节。平面图换句话说，就是东西水平方向的剖面图。用剖面的角度去思索所有东西的呈现，就等于是去思索建筑的制作方式。

201 | 浴缸的家

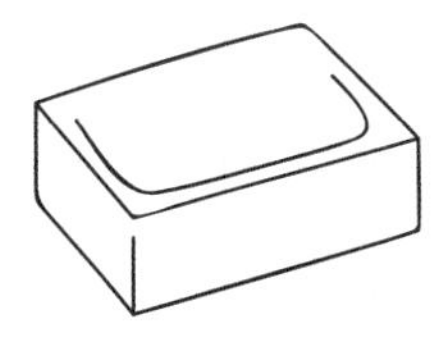

浴缸注满热水后能让我们在其中享受一段放松时光。在日本，有桧木浴缸与五右卫门浴缸等多种样式。从陶制浴缸到塑料浴缸，各种材质都有。日本是一个喜欢泡澡的民族，喜欢花较多时间浸泡在放满热水的浴缸里，这与西方以淋浴为中心的沐浴习惯截然不同。在日本，从大浴场到露天浴场有许多可以泡澡的地方。浴缸可以说是建筑中的疗愈空间。对于它的样式与特点我们应该更加重视。

【实例】瓦尔斯温泉大浴场／彼得·祖索尔（Peter Zumthor）

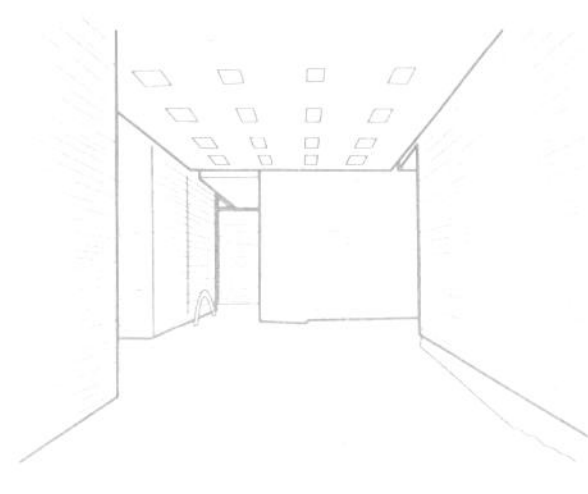

瓦尔斯温泉大浴场

设计：彼得·祖索尔（Peter Zumthor）

这是建于瑞士瓦尔斯的温泉浴场。这个浴场拥有石材堆砌的露天温泉，可远眺阿尔卑斯山的美景，同时将封闭的空间与开放的空间融合在同一场所，不相违抵。从天花板的缝隙里流泄进来的自然光，映照着浴场犹如教会一般，满室神秘氛围。

202 | 围栏的家

就像牧场用栅栏或围墙将牛群围住一样，被围住的区域不能算是一个空间。因为内部与外部没有明确地区隔，顶多只能说是“为了确保平面的领域，不让领域内的东西跑出来”。围栏随着中间领域条件的不同，而呈现不同的样貌，围栏高度也会随之改变。围栏的形式很多，有栅栏状的中空形式；有整片封闭但最底下镂空形式；当然也有完全不通透的形式。都市里的小公园就像是被钢筋水泥的建筑物们团团包围的难得的休憩空间。

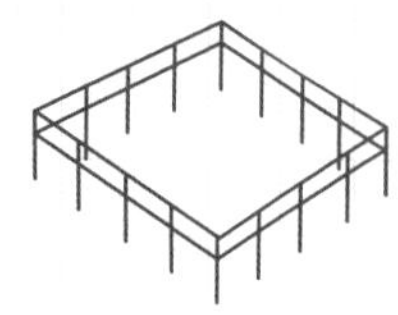

203 | 走廊的家

走廊，是为了让人在建筑中的一个又一个房间自由移动而创造出的细长空间。走廊并不是一个可生活的空间。但是，若将走廊稍微加宽，在里面加一个小桌子、放几本书供阅读，那么走廊就摇身一变成为“有通道功能的生活空间”。走廊与走道非常相似，但语意略有不同。像办公室里用办公家具将空间区隔出来的通道就是走道，不能说是走廊。连接两个区域的户外长廊，有时候也被称作是联络通道。另外，环绕形式的走廊我们称之为回廊。

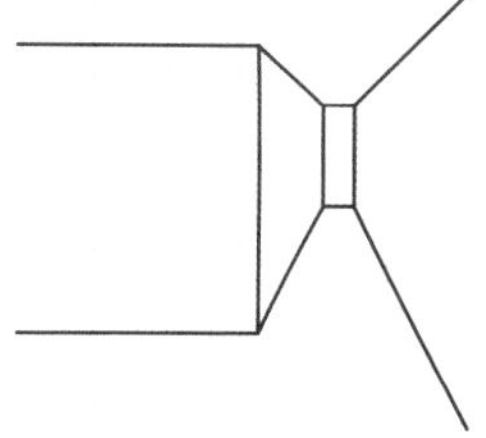

204 | 地面线的家

地面，是盖房子时最基本的、最重要的面。在着手建筑时，我们必须先认识它。剖面图中，用最黑最粗的线表示的就是地面线。它同时也是垂直高度的尺寸之基准。为什么要将地面线画得又粗又黑呢？因为它是地球剖面所产生的线，比起建筑剖面所产生的线层次更高。另外，地面线也意味着将高低起伏的地形的高度平均后所得到的地平面高度。

205 | 境界的家

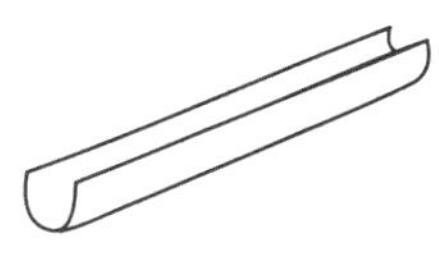

境界，有着各式各样的形式：有线状的境界也有面状的境界。两物之间，必有境界的存在。一般所谓的境界，没有厚度；但当阶段性的变化成为必要时，境界变得有厚度，境界本身变得暧昧，被区分的场所也随之不确定了起来。另外，也有眼睛看不见的、存在于概念上的假想境界。建筑中，有基地境界线、外墙境界线、房间之间的境界线等。将目光投向境界本身，也可能造就一个设计的突破点。相反地，若刻意将基地作分割将刻意制造出的境界线做个设计，也是设计手法之一。

206 | 导水管的家

导水管，是一种将屋檐流下的雨水接住使之顺利地流入直立式排水管的装置。如果是大面积的屋檐，它的导水管也必须很大。导水管的大小会影响屋檐底端的设计，左右建筑细部的呈现。另外，为了让水顺利排放，在设计屋檐之初，就应该把导水管问题纳入作全盘考虑。导水管虽是排放雨水的设备，但有没有可能将它视为一种设计的要素将它积极地纳为设计的一部分呢？

207 | 底层架空的家

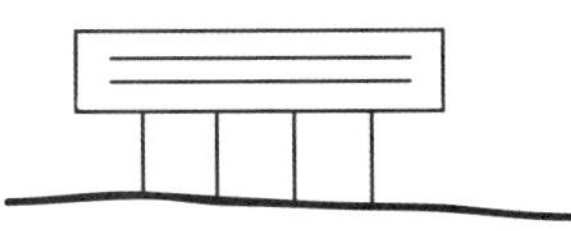

Pilotis，是一种底层架空形式，是现代建筑所发明的产物。Pilotis的原意是指“深入地底的地基”。说到这种底层架空的建筑，很容易让我们想到整个建物被抬高，整个下方空间被解放的状态。也就是如果有一天地平面向下沉建筑物的地基基柱整个浮出地面，这种基柱可见的状态就是底层架空形式。所以底层架空的底层柱子，其实是地基的基柱。在底层架空的空间里，视觉穿透且通风良好，还可遮蔽日照，是一个极具魅力的半外部空间。

【实例】广岛和平纪念资料馆／丹下健三

广岛和平纪念资料馆

设计：丹下健三

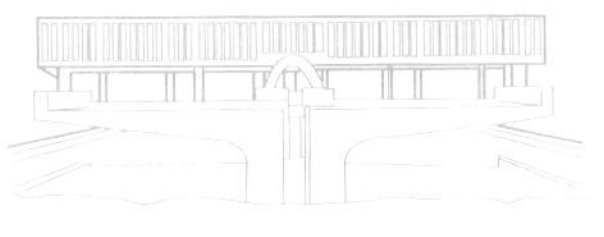

这个广岛原子弹爆炸纪念资料馆，通称和平纪念馆。此建筑采用底层架空形式，底层大约6.5m高、完全没有闭塞感。一般说到底层架空有着许多样式，但这个建筑的底层只是单纯地将建筑物抬起只供来访的人通过，没有任何额外用途。

208 | 建坪的家

建筑中，有"建坪"这样的思考方式。所有地板面积加总起来就是建坪。建筑规划时，以被要求的建坪面积为基准，再考虑建筑体量与使用需求来决定应该搭建成几层楼高的建筑。若建筑中采用挑高空间来设计会让小小的建坪面积呈现大大的建筑体量。建筑形式的决定，可以说是始于建坪面积的安排。只是最大建坪往往受限于法律规定，要如何有效地妥善安排每一寸的建坪相当重要。

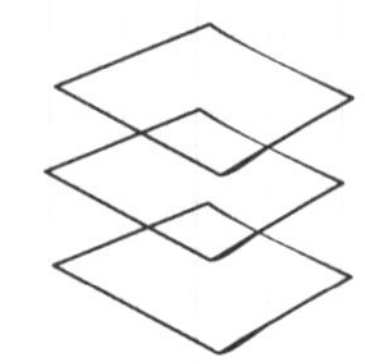

209 | 建蔽的家

建蔽面积，是指建筑物在基地上的投影面积。建筑物的投影面积就是在空照图上呈现该建筑的所在位置。建蔽率则是对基地面积而言，其中设置多少建筑面积的比率。建蔽率依地区的不同有不同的规定，必须事先计划。建蔽率越高视线被遮蔽的情况就越糟，庭园等具有外部机能的空间就越狭小。为了解决这种高密度的建筑状态，不仅可从建蔽面积下手，也可透过建坪面积的配置、建筑搭建手法的调整等方面来全面地、合理地解决这个问题。

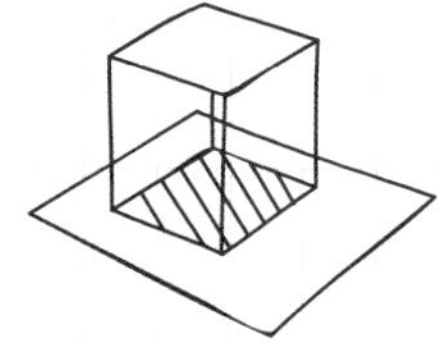

210 | 道路的家

大部分的基地都与道路相邻。没有与道路相邻的基地，也可能发生盖不成房子的情况。有完全不临路的基地，也有很多单边临路的基地，基地临路条件的不同大大影响其上建筑的设计与搭建。说到临路条件，道路是狭小的人行通道吗，还是宽广的干线车道？是走不过去的死路呢，还是两面临路？随着道路性质的不同，建筑与道路的连接方式也跟着改变。道路是能让人进出建筑的引导空间。所以我们不仅要注意基地、建筑的设计，也需注意道路所产生的影响。

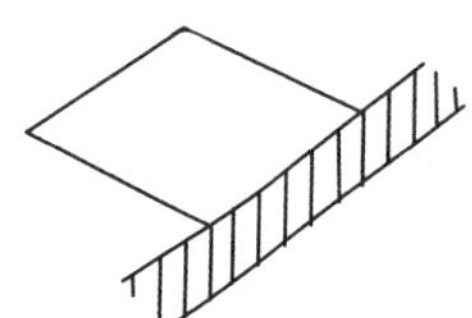

211 | 等高线的家

等高线，是解读基地时相当重要的参考资料。不光是基地内的等高线，基地周边的等高线所呈现的整体土地的起伏也应该注意观察。基地哪里高？哪里低？哪里呈现缓斜？哪里有个凹陷？不要单方面依赖等高线，也需实际亲临现场去感受去比较等高线的讯息与实际地形之间是否有落差。如何与基地的高低好好地配合演出相当重要。配合上出了什么差错的话会有变本加厉的反效果产生，我们不得不小心。

212 | 围墙的家

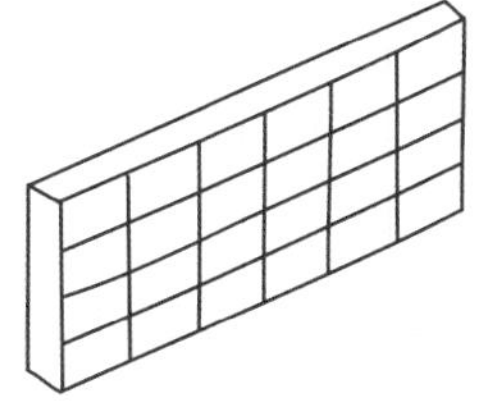

围墙，为了与相邻的地区作区隔所搭建的遮蔽外来视线的屏障。特别在建筑密集的住宅区，围墙成为保护自己与邻居隐私的不可或缺之物。围墙的种类很多，从石材堆建的围墙到砖造、混凝土造的围墙，还有既成品的建材所组合而成的围墙等。围墙俨然成为日本街道风景的一部分。另一方面，为了创造建筑空间，筑起高高的围墙也是手法之一。高大的围墙将空间强势地切割开来，让建筑物与外部断了联络，此时围墙内仰望所及的天空成了具有丰富表情的外部空间！

近义词：栅栏

213 | 地板的家

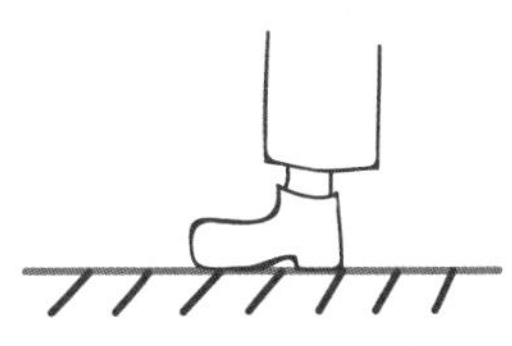

地板，是人与建筑之间唯一直接接触的部分，是让人脚步站稳的重要部分。地板会因穿鞋行走或脱鞋行走等需求条件不同，样式会随之改变，其材质感也最能在空间中展现。地板，扮演着建筑中的"人工地面"角色，拥有木质的、石质的、柔软的、坚硬的、冰冷的、温暖的等多彩多姿的表情。回顾建筑史，也曾出现倾斜的地板、与墙壁相连的地板等概念扩张型的地板。但只要重力支配这个世界的日子没有结束，地板这样的概念就会屹立不倒地继续存在。

【实例】波尔多住宅／大都会建筑事务所（OMA）

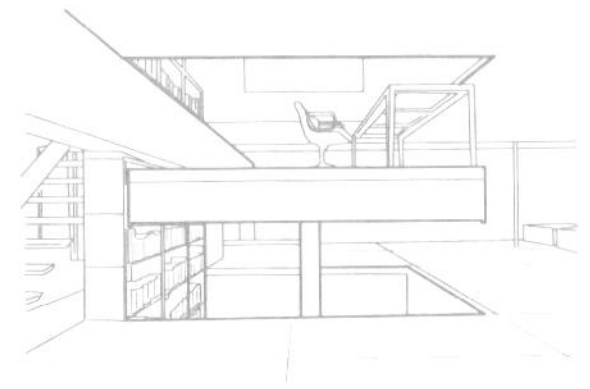

波尔多住宅

设计：大都会建筑事务所（OMA）

这个建于法国波尔多的个人住宅，住宅中央的大片地板其实是具有电梯功能的"可动式地板"这个成为生活重心的地板，成了纵贯建筑内所有楼层的大胆空间，搭配上独创的家具设计营造出创新且独特的室内风景。此建案内的家具由设计大师马尔登·范·塞夫恩（Maarten Van Severen）设计完成。

214 | 收纳的家

建筑之中，收纳空间的存在被视为必要。但是收纳空间该放在整体空间中的哪个位置并没有很多人讨论。该如何处理这种潜藏于建筑内部的收纳问题意外地成为难题。如果用单纯的视点来界定空间与空间组合的话，并不需要收纳空间。但是人类一旦于空间中生活就不可忽略收纳的需求，而且收纳空间再怎么多也不嫌多。收纳空间也可能变很大，例如：大到像一个房间一样大的更衣室。

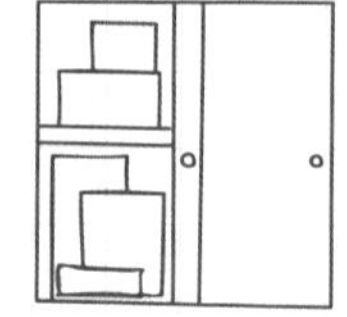

215 | 榻榻米的家

榻榻米，是日本传统的地板材质。榻榻米本身的形式影响着日式空间的规律氛围。它独特的蔺草香、席面的编织纹、表面的光泽与温润触感等，为空间创造出多样的表情。对日本人而言，榻榻米给人的好感绝对是令人难忘且无法取代的。榻榻米独特的铺排方式创造出常见的四片半榻榻米空间。另外不同的地方会制造出不同形状的榻榻米。像琉球榻榻米就呈现正方形。日本住宅里渐渐地越来越少见榻榻米房间的身影。现在说不定就是重拾榻榻米优点的时期！

参考：我的家／清家清、移动式榻榻米

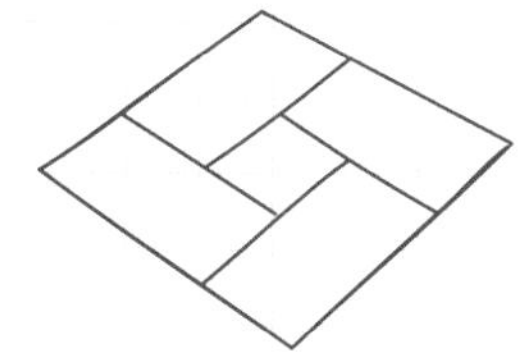

216 | 脸的家

建筑之中有“脸型建筑”这样的设计。简单来说，就是建筑立面用脸的造型来呈现：眼睛、嘴巴、鼻子等。乍看之下会觉得“脸型建筑”很奇怪，但不知道为什么我们会记住这个建筑给人的亲切感。或许是因为人的内心深处都蕴藏着去“认识面孔”的动机与能力。这样的图，会让人自然联想到设计者的脸。过去也有不少案例是创作者将自己的脸运用在创作上的。这究竟是下意识深层的心理反映在创作中，还是刻意要将自己的脸摆在作品里呢？

【实例】脸型的家／山下和正

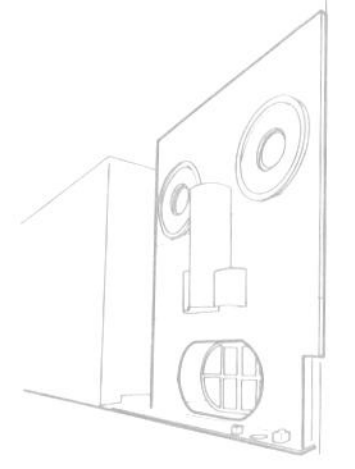

脸型的家

设计：山下和正

这个建筑于1974年完工，是建于京都的工作室兼住宅。拟人化的设计技巧在建筑世界里偶尔可见，但像这样建筑正面就是一个清楚的人脸造型却不多见。脸型建筑的嘴巴是入口玄关；圆圆的眼睛是窗户；右耳是阳台；外墙用黄色来呈现肌肤的颜色；甚至鼻子是具有换气功能的排气装置，真是彻底模仿了脸部五官的造型！

217 | 嘴巴的家

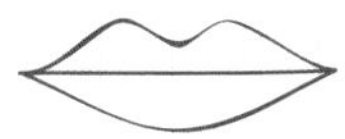

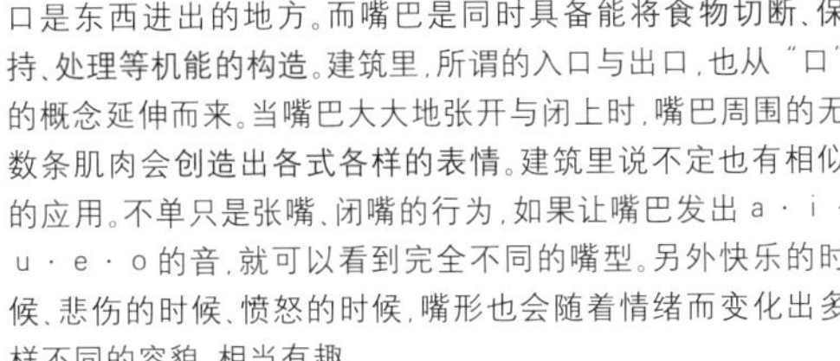

口是东西进出的地方。而嘴巴是同时具备能将食物切断、保持、处理等机能的构造。建筑里，所谓的入口与出口，也从“口”的概念延伸而来。当嘴巴大大地张开与闭上时，嘴巴周围的无数条肌肉会创造出各式各样的表情。建筑里说不定也有相似的应用。不单只是张嘴、闭嘴的行为，如果让嘴巴发出a · i · u · e · o的音，就可以看到完全不同的嘴型。另外快乐的时候、悲伤的时候、愤怒的时候，嘴形也会随着情绪而变化出多样不同的容貌，相当有趣。

218 | 眼睛的家

眼睛是非常敏锐的构造。建筑中，与人的眼睛功能相当的可以说没有。但从另一个角度来看，“让人可以望见外面的风景”的窗户，就像是人的眼睛一样。回顾目前为止的建筑世界里，有建筑立面呈现眼睛造型的，也有建筑平面呈现眼睛形式的。在绘画的世界里，眼睛与手一样都是具有强烈存在感的创作元素。若要去欣赏建筑、体验建筑，眼睛是唯一可以让你把握空间、认识空间的器官。过去不同的时代中，都曾将眼睛所拥有的特征与怪癖应用在建筑上。

参考：电影《我的伯父》（导演：雅克.塔蒂）

219 | 双皮的家

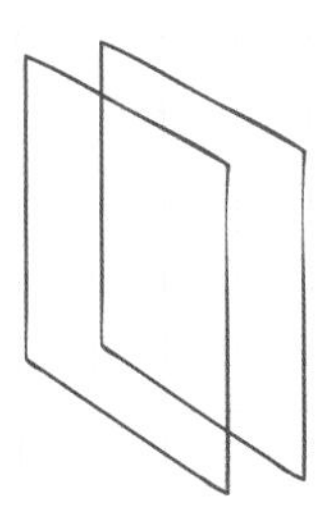

90年代后期，当大家把关爱的眼神移向建筑表层的设计时，世界上“双皮构造”也正在流行。建筑上的双皮墙构造，就是从外部的设计到内部的环境性能都展现了较高科技含量的建筑表皮。运用双皮墙，让外墙呈现一种有深度的感觉。建筑外墙的议题一直是超越地域性与时代性的课题，值得我们关心。

近义词：表层

【实例】S-HOUSE / 妹岛和世

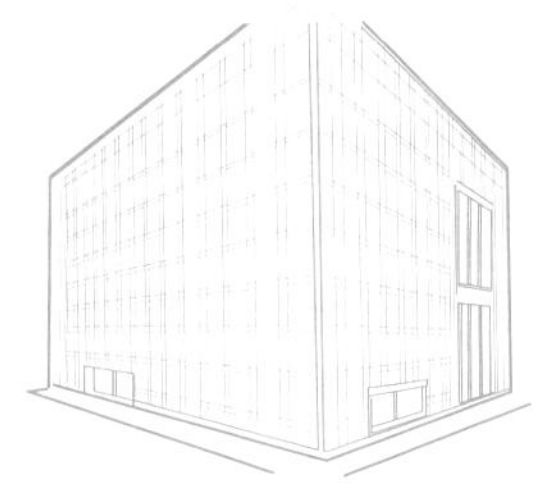

S-HOUSE

设计：妹岛和世

这栋个人住宅建于密集的住宅区。外观被PC板整个围住，具有通透性的同时运用双层墙的概念，将回廊计划导入建筑中。房间与外部空间之间形成了中间领域，也产生了有其深度的界线。另外，在2楼外围装设有可开可关的百叶造型木制门片。

220 | 门的家

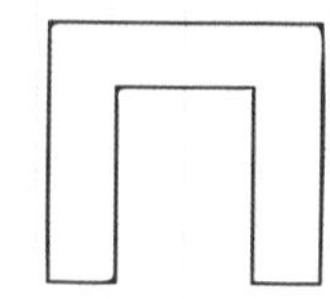

门，就像神社的鸟居或寺庙的南大门一样具有象征的意义，原本扮演着闸门的角色。门型构造本身，即别具意义。门型是非常古典的形式，是具有高度象征性的造型。它代表着人类世界与众神世界的交界处。住宅中门将基地与外部空间或道路区隔开来，让人可以透过它进出围墙或外篱。门大多都设在境界之处。门是如何连接？如何区隔？是内部空间吗？算外部空间吗？要采用巨大无比的门吗？门的各式各样形态、结构，值得期待！

221 | 地炉的家

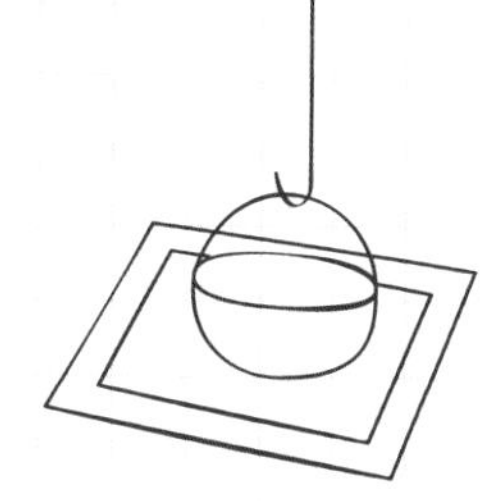

人们在室内围绕着柴火取暖的情景，让我们想到地炉。围着地炉，全家团聚在一起用餐，地炉的烟袅袅上升直达天花板，这个日式风景，如何重现于现代建筑呢？说到生火取暖，也让我们想到可移动的日式烤煮炉与取暖火钵，依大小、用途的不同而有各式各样生火取暖用品产生。时至今日，由于排烟与安全性的考虑，这些让人聚在一起、分享温暖时光的传统生火取暖用品已渐渐消失，真叫人感到惋惜。

222 | 壁炉的家

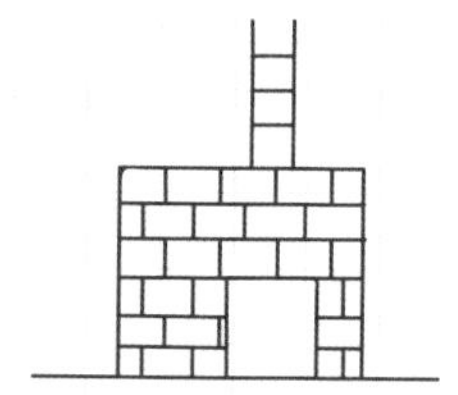

壁炉，就是暖炉被设置于墙壁上的一种暖气供应设备。被耐热性高的红砖包覆的壁炉，一边主导着客厅的气氛，一边供应着暖烘烘的暖气。特别是在寒冷的地区里，壁炉被广泛地运用，非常有人气。城市中设置壁炉前必须考虑烟囱排烟等问题。壁炉一旦设置，就会形成一个温暖的聚会场所、一个全家团圆的场景，这都要归功于壁炉的神奇魅力。让我们来想想：一个拥有完美壁炉的家会是怎样？

223 | 烟囱的家

建筑中的烟囱拥有许多的功能，大部分是用来排气或换气的。它虽是建筑里的功能性设备之一，但它别具存在感的外形意外地让人留下深刻记忆。街道的风景中，突出的烟囱具有某种象征意义。就像置身于历史古街一样，抬头一望到处可见古朴的烟囱。现在，烟囱大概只能在几乎快消失的大浴场上才能望见。小孩在画"家"的模样时，都不会忘了在双斜屋顶的家上画上一管烟囱。在日本不那么常见的烟囱，其实是赋予建筑特征的重要元素之一。

224 | 梁的家

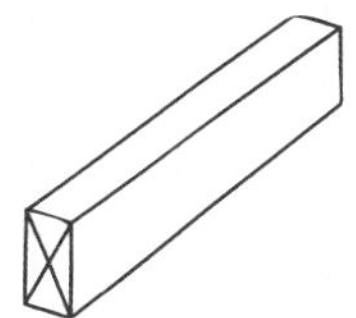

梁支撑着楼地板、支撑着屋顶，与柱子同为非常重要的结构元素。梁会露出于空间之上，所以随着梁的处理的不同空间会呈现不同的形象。梁可隐藏于天花板内，也可以露出于天花板外，这都会影响天花板给人的感觉。另外像木造建筑的梁，整齐排列形成一种视觉的美；但像钢筋混凝土建筑的梁，却是又粗又大一根，去处理这种巨大的存在感，需要相当的技术。

225 | 柱的家

柱是支撑着屋顶与楼地板的结构元素。有些柱子藏在墙里面，让人看不见；有些柱子则独立存在于空间之中，相当醒目。柱子的剖面有各式各样的形式：有的呈现四角形，有的呈现圆形。古代建筑里，柱子被施以华丽的装饰呈现多种风貌。像中央膨胀的"凸肚柱"(entasis)，就相当知名。说到独立存在的柱子，像日本的"大黑柱"，就具有强烈的象征性与存在感。古代建筑中常出现的整排连绵的柱子形式也为空间酝酿出独特的氛围。

【实例】仙台媒体中心／伊东丰雄

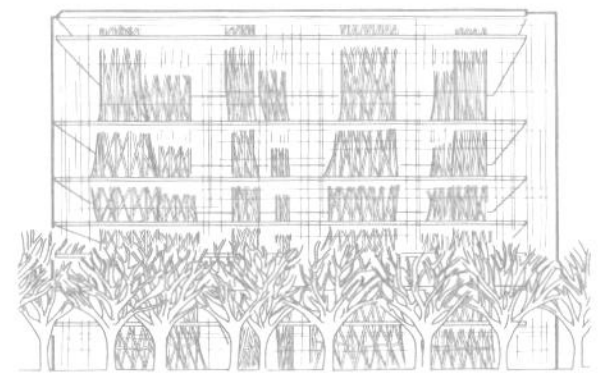

仙台媒体中心

设计：伊东丰雄

这个由设计竞图中脱颖而出的建筑计划是以图书馆为中心的复合式文化设施，于2000年完工。建筑物由13束管状柱、6片50m^2的平板构成，形成一个明快的空间。犹如地底长出的水草般的柱子，除了肩负承重结构的责任更为空间增添了决定性的特征，并将垂直动线的楼梯、电梯包含在内，在空间中扮演非常重要的角色。

226 | 扶手的家

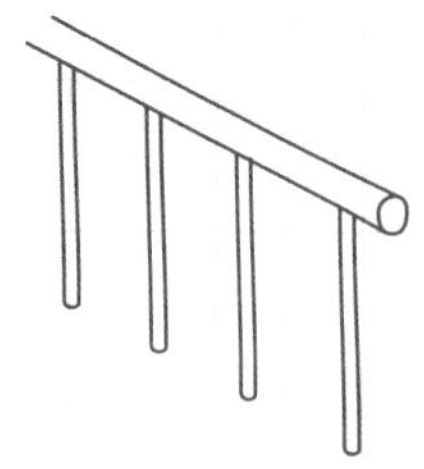

在楼梯、挑高空间、甚至阳台等处，扶手是不可缺少的设备。楼梯的扶手具有辅助上下楼动作的意义；而挑高空间周围的扶手，则具有防止坠落的功能。出于安全的考虑户外的扶手高度被严格地规定着，它是非常需要绷紧神经来处理的建筑细节之一。扶手，在许多地方展现它不同的风貌，例如，有着女儿墙功能的整排扶手、纤细而单一的金属扶手等。扶手的眼见外型、手摸触感等，不管是功能方面或设计外观都是建筑中非常重要的细节之一。

227 | 厨房的家

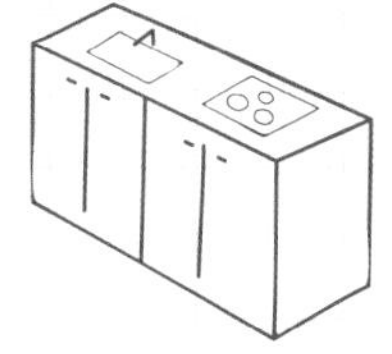

厨房是烧饭做菜的地方，是住宅中唯一可以称作“工作场所”的区域。从简易厨房到专门区隔出一个场所的专业厨房，厨房形式多样。基本上厨房是由料理台与炉灶构成，再依调理的顺序将它们妥善配置于空间中。锅碗瓢盆与各种调味料，以及现今许多的家电用品：微波炉电子锅等，也都放在厨房里。还有让人无法忽略它的存在的大型冰箱，也都置于厨房的一侧。冰箱该怎么摆，需要花点心思处理才能让厨房看起来美轮美奂。

228 | 楼梯的家

楼梯能将建筑里的空间作“立体的连接”，因此拥有非常特别的地位。锯齿状的外形连接着楼上与楼下，人们就在这样的楼梯里自由上下。楼梯的倾斜程度也有许多种，一般都需依法律规定而建。当楼梯的踩踏面太小时，级高的调整就相当重要。这时可选择将级高向下降，大大避免脚跟因碰撞竖板而产生跌倒的状况。楼梯又分为直上楼梯、双折楼梯、螺旋楼梯等，种类多样。也有较为奇特的楼梯，例如：极为垂直的“梯子状楼梯”，帮你决定该踏左脚还是右脚的“左右高低差楼梯”等。

【实例】小鲋布标刺绣店／石田敏明

小鲋布标刺绣店

设计：石田敏明

这个面对大马路的住商混合建筑建在仅仅10m²的狭小基地上。与许多以楼梯为空间构筑重点的建筑或住宅相比，这个建案的规模就像一个楼梯间一样的小。面向大马路的外观正面，运用鲜明的图案来达到户外广告的效果。整个建案呈现一种“基地虽小、五脏俱全”的精神，多样的空间用途都在这小小的空间里大大地发挥。

229 | 厕所的家

要把厕所当成一个主题来讨论或许有些人觉得很困难，但不可否认的，厕所对于生活在建筑当中的人来说是绝对不能缺少的空间。特别是在规划住宅用建筑之时，厕所与浴室这种具有出水、排水等问题的空间，必须跳出建筑本身的设计在另一个层级作考虑。设计者要去思索：如何将厕所完美地放置于空间中？是故意将厕所放在醒目的位置让大家都看得到呢，还是将厕所藏在箱子里好像消失了一样呢？

230 | 玄关的家

玄关是住宅的入口，是迎接访客的空间。有些人习惯在玄关处停放脚踏车或堆置各式各样的工具，而把玄关当成日式传统住宅的“土间”来使用的也不在少数。另外，在玄关处摆一小盆插花，把它变成一个抚慰心灵的空间也是非常重要的设计。在建筑计划这个层级上，玄关扮演着建筑物的对外开口，它的外观足以影响整个建筑物的外观。说到玄关的设计，真的会有天差地别的不同：有些人喜欢在玄关处开个明亮的窗，有些人则喜欢低调地呈现玄关。

231 | 坡道的家

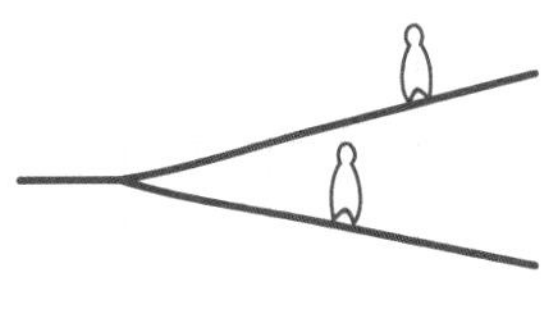

坡道，是指建筑计划上倾斜程度在1／12～1／8的和缓通道。因为有着和缓的倾斜度，才能从中欣赏到和缓变化的景色。但从另一个角度来看，和缓坡道的存在是将两个点之间的距离拉开让其中有足够的空间而产生的，所以从这点移动到那点更花时间了。像这样用坡道将空间和缓地连接起来效果出奇的好，因此有许多建筑都采用这种手法。但是倾斜的坡道发生危险的概率也高，所以在处理坡道细部设计时不得不留意。

【实例】菲亚特汽车旧工厂／伦佐·皮亚诺(Renzo Piano)

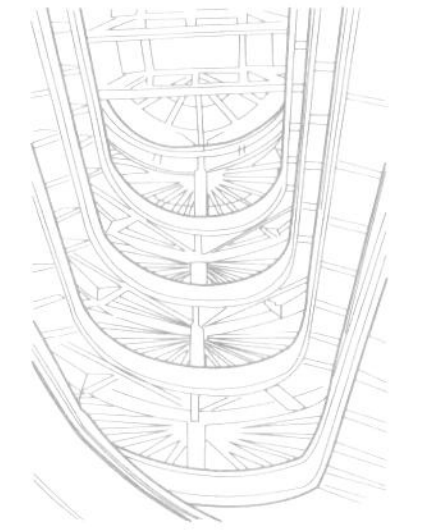

菲亚特汽车旧工厂

设计：伦佐·皮亚诺(Renzo Piano)改建／马特·图科(Giacomo Matte Trucco)原创

这个意大利汽车制造商菲亚特的旧工厂大楼，在伦佐·皮亚诺的改建下，摇身一变成为现在这个复合式商办展演大楼。改建计划保留了旧厂屋顶上特殊的试车跑道——这个连建筑大师柯布西耶都曾来朝圣的原创设计，是有计划地透过内部螺旋坡道将车子一步步组装完成后，送到屋顶的跑道去测试性能。

232 | 洗衣机的家

衣物的洗涤是家事中相当重要的一环。现在用来洗涤衣物的洗衣机大多都放置于脱衣处的附近。在日本，洗衣机大部分都被放在室内，所以有振动与噪声的问题。而在其他国家，习惯将洗衣机放在地下室，降低振动所带来的干扰。究竟是方便重要，还是安静优先？洗衣机该放在哪里，国内外的认知有微妙的差异。另外，衣物洗涤收纳的动线也必须注意。洗净的衣物从洗衣机里拿出来后要拿去晒衣场晾干，然后再将干了的衣物收下来折好，最后放回每个人的房间的衣柜里，整个过程才算完成。其中，在哪里折叠衣物的问题意外地常常被忽略。

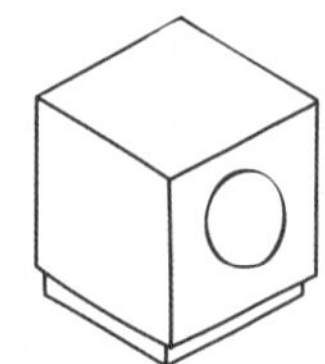

233 | 阳台的家

阳台是建筑中突出于外的空间。大部分的阳台建于外墙向外推的空间里，让人可以轻松自在地从室内走向室外。阳台有许多功能，天气好的时候，我们可以在阳台打个小盹、晒晒衣服、弄个烤肉聚会。在阳台种一些花花草草也是不错的选择，因为阳台是最直接对外表现屋主生活品位的场所。多花一些心思从外部观察你的阳台长成什么吧！

近义词：露台

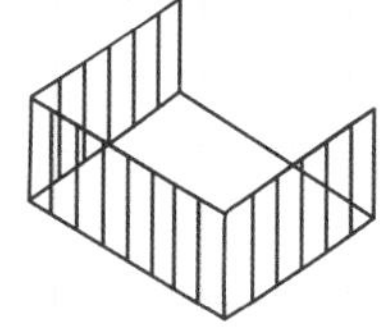

234 | 转角的家

在转角有许多故事发生。当你站在转角的这一头，你看不到眼前会有什么事情发生，一旦通过转角、通过视线变换点眼前的景色倏然改变。就像人生路上许多重要事件都发生在转折处一样，偶尔为建筑开出一条岔道说不定会产生如转角处的美丽邂逅。为住宅里设计放入一个转角试试，或是将住宅本身放在转角基地试试，将会变成怎样？仔细想想，其实街道里到处都是转角。站在转角处看看眼前的风景，说不定会让你有意外的发现！

参考：上原转角住宅／筱原一男

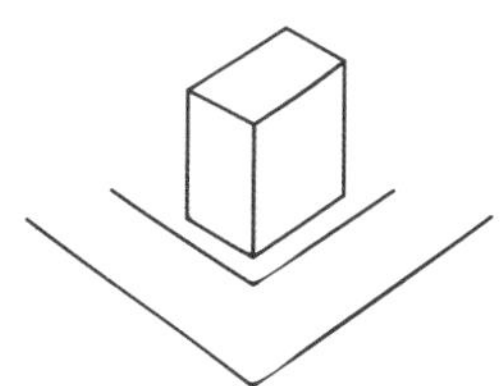

235 | 平屋顶的家

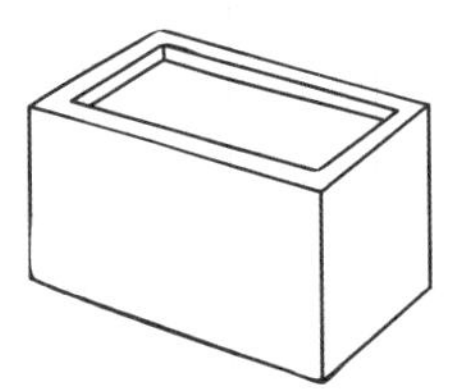

平平的屋顶与一般倾斜屋顶不同，雨水会蓄积在屋顶上，再透过排水管排出。建筑设计时，要选择平屋顶还是斜屋顶呢？这不仅影响着设备问题更大大左右了建筑外观的形象，所以必须慎重思考。当建筑物想呈现出干脆利落的方块造型那势必要选择平屋顶。另外，如果想充分利用屋顶上的空间也必须选择平屋顶。在常年下雪的国家，除了积极地采用让雪自然掉落的斜屋顶也采用不让雪掉落，将雪堆积起来的平屋顶！

236 | 格子门窗的家

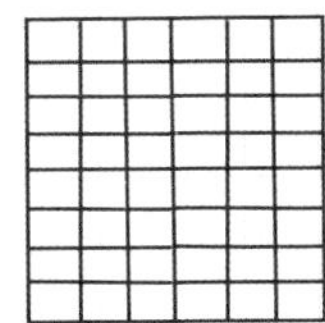

格子门窗是演绎日本"和室空间"所不能欠缺的重要角色。格子门窗上，贴附于木格子上的和纸将外面透进来的光温柔而均匀地扩散开来，为室内带来一种安稳的氛围。格子窗就像一个滤镜一样，面对窗前丰富多样风景却只将风景里的光线过滤进来。格子门窗的表面贴材各式各样，随着玻璃的普及还出现一部分格子贴透明玻璃的"赏雪格子门窗"形式。

237 | 窗户的家

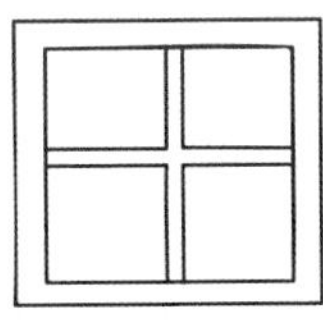

窗户，一般是指"外框内嵌玻璃"的东西。窗户不单只有开口这么广义的意义，也由于它本身具有存在感所以需要我们去思考：窗户在建筑中占有怎样的地位？窗户，根据开窗方向与形状产生了许许多多样式，例如凸窗、天窗等。一般来说，窗框会围绕在玻璃四周收好边，但也有将窗框隐藏起来的、加以装饰的、涂上颜色的，它也有许多变化方式。

近义词：开口

【实例】矿业同盟设计管理学院 / SANAA

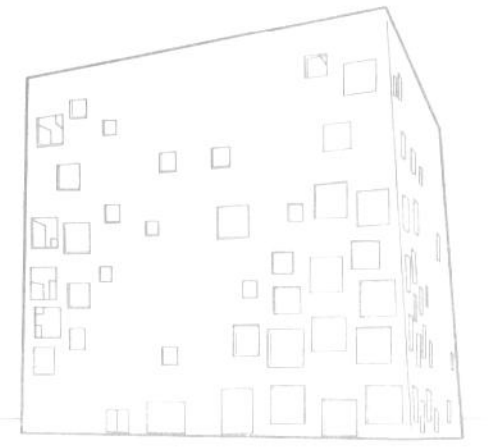

矿业同盟设计管理学院

设计：SANAA

这座学院位于德国埃森。建筑外观布满了大小不等的窗户，完全感觉不出内部楼层的状况。被这个极具特色的外观所包覆的建筑内部，看似简单的多楼层空间其中内含不简单的冷暖空调系统：将地下水取汲而出，使地下水在墙壁内部循环流动达到冷暖空调的功能。

238 | 框的家

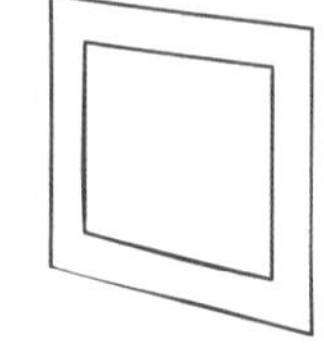

窗有窗框、门有门框，有外框的存在才能构成门与窗。框就像裱褙好的油画外框一样，它的存在能让人们把目光集中在框里面，具有衬托框里面图像的效果。建筑中的窗框就像画框一样，可以截景、借景，并吸引人的目光。广义来看，框不仅代表着被框住的区域也蕴含了将区域作区隔的意义。借由外框的设置让内侧与外侧清楚被区隔开来，形成不同的领域。

近义词：领域、境界

239 | 门片的家

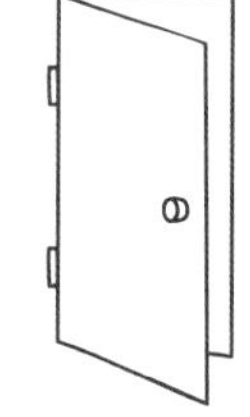

门片，一般是指让人进出之用的东西。从户外走进室内、从一个房间走向另一个房间，都会通过门片。门片的开合，依据推门或是拉门等种类不同而呈现不同的样貌。门片大部分都保持着闭合的状态，但也有些门片永远保持着打开的状态。另外，门片上可加诸许多设计巧思：有些特别设计过的门片看起来非常细长；有些门片上会开一个小窗；有些门片则设计成视觉可穿透的形式。

近义词：门

240 | 天窗的家

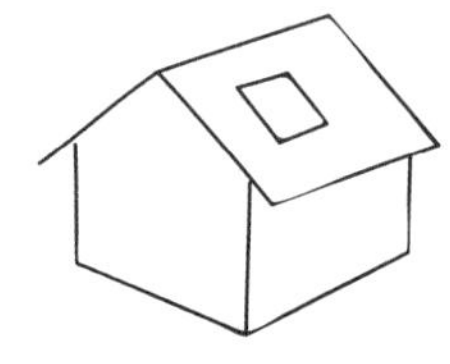

屋顶上的天窗，让流泻而下的自然光随着时间的推移晕染在墙上产生时刻变幻的丰富表情。透过大胆的天窗设计，会创造出犹如室外空间一样的室内空间。此外，夜晚的天窗还可以在仰望满天星空，让空间渲染一层戏剧魅力。有大的天窗、小的天窗、单一天窗、许多天窗，天窗随着运用方式的不同会产生不同的空间效果。让我们想一想创新的天窗形式吧！

【实例】菲尔德克劳斯兄弟礼堂／彼得·祖索尔(Peter Zumthor)

菲尔德克劳斯兄弟礼堂

设计：彼得·祖索尔(Peter Zumthor)

这个礼拜堂位于德国科隆近郊。宗教建筑里，常见运用天窗设计来营造神圣氛围。这个礼拜堂也不例外，但它特殊的天窗施工方式值得一提。建筑师用许多长条状的木头组合出一个圆锥外框，并让外框顶部开一个洞。就像制作地基时浇灌混凝土一样，每日在这个圆锥框上重复地浇灌混凝土，为时好几个月。成模后在圆锥内放火把木头烧光，完成脱模。

241 | 地下的家

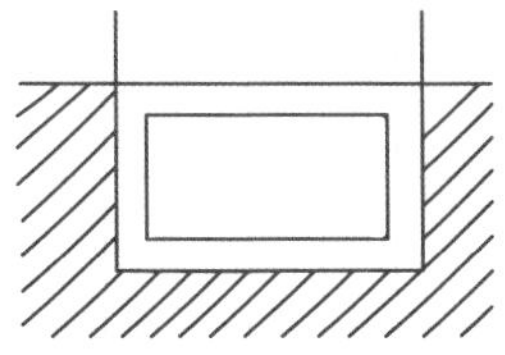

大部分的建筑都存在于地上，却无法切断与地底下的深厚关系。地底下不仅有建筑物的基础与基柱，也可能存在着建筑空间。地下的房间，依据其深入地底的程度作区别。如果是一半潜入地底、一半探出地上，我们称之为"半地下房间"。这种潜入地底的房间，不管是与地面的相接或与地面相对，其间的交接之处都必须小心处理。藏于地下的空间可以躲避风吹雨淋、寒冷炎热的侵袭，比地上的空间更给人安全感。这么一想，住在地底下也就没那么不可思议了。如果去设计一个在地底下拥有巨大空间的家会变成怎样？

参考：大地之家／筱原一男

242 | 半地下的家

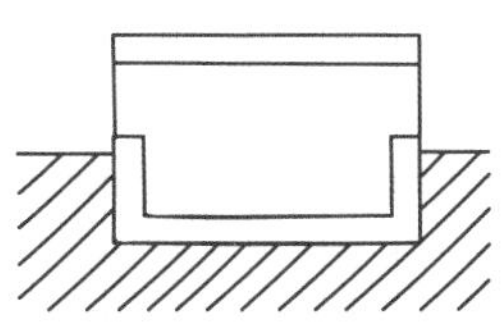

半地下，如字面所示，就是一半露出地上、一半埋入地底的状态。单纯地想，在半地下空间所得到的体验、所呈现的效果应该非常精彩。虽然在地底下却受惠于地上的光线，如果开个窗的话还可以让空气对流！若在半地下空间往外看可以体验到平常难有的"接近地面"的距离感。另外，半地下空间之上的楼层与地面的关系也相当值得玩味。像这样有点接近地面又不那么接近地面的一楼或屋顶形成一个有趣的视觉效果。

参考：2004别墅屋／中山英之、柏江的家／长谷川豪

243 | 高侧窗的家

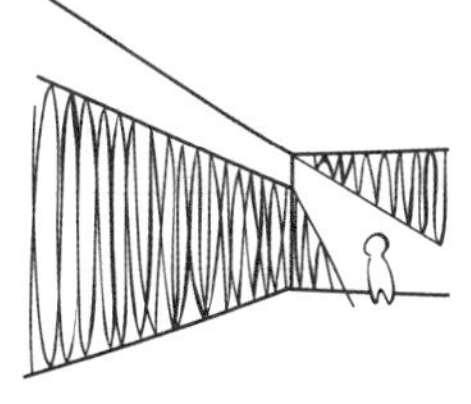

高侧窗与横长的水平窗或天窗不太一样。它是在高的墙的顶端开出的一长条窗户。从这个长窗斜斜射进来的光，仿佛把空间的黑暗也切成两半。高侧窗的光线虽然锐利，但比起天窗的天光要柔和许多；光线虽然安定，但也会随着时间缓缓移动。将室内的墙壁做有效的利用后会产生许多样貌的高侧窗。将窗户置于最高处也可以达到遮住外面景物、创造内部抽象空间的效果。高侧窗与其说是窗不如解读成"墙壁与天花板之间的裂缝"。这种与众不同的开口构造值得我们注目、研究。

【实例】格列兹美术馆／赫尔佐格和德梅隆(Herzog & de Meuron)

格列兹美术馆

设计：赫尔佐格和德梅隆(Herzog & de Meuron)

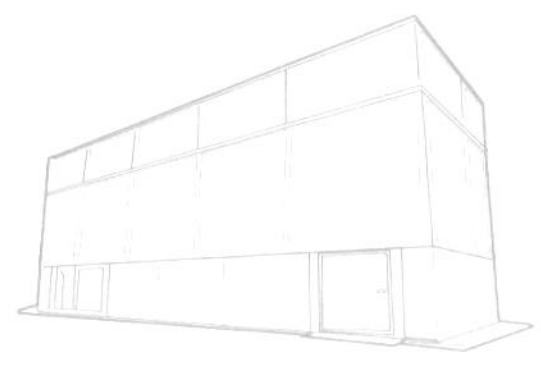

这座位于德国慕尼黑的美术馆，设计了半地下空间与高侧窗。从外观来看，建筑物底部位置就是半地下空间的高侧窗。相对于建筑外观的简单明亮内部空间却是丰富且复杂的。不可错过建物立剖图所呈现出的精彩设计！

部位·场所

244 | 走道的家

从基地外到建筑玄关之间的道路我们称之为走道。也就是说，并不是直接进入建筑而是通过走道后再进入，可见走道的重要。进入建筑前的导引走道，其呈现方式甚至会影响到进入建筑后的整体印象。在市区的基地上，很少有机会需要设计走道，除非是旗杆形的基地会在旗杆部分设计一条走道。抵达建筑前的这个走道该如何设计？如何与建筑融合在一起？或不需要融合在一起？走道内的围篱、植栽、地面材质该选用哪些？走道的设计将会改变建筑给人的印象。

245 | 一楼的家

撇开高楼建筑不说，住宅的楼层数代表着它的规模，每个楼层代表着各自的个性。一楼是与地面相接的那一层，大部分的建筑玄关都被设计在这一层。但实际上，将一楼作为店面或停车场从二楼开始才是住宅空间的例子不少。或是没有地下室与二楼，整个建筑只有一个楼层。不可否认一楼是一个特别的场所，它的呈现方式多种多样。从一楼窗口就可以直接看到外面地面，是建筑物与周边环境之间最直接的接触点。

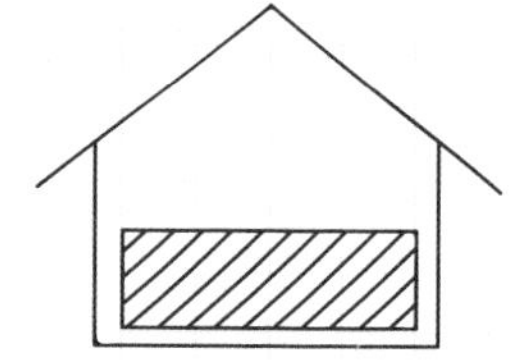

246 | 内角的家

将一个面对折后形成两个面夹一个角，这个角就叫内角。四角形的房间里，地板有四个内角、天花板也有四个，合计共八个内角存在。空间里内角的角度越小的话，该空间就越阴暗；内角角度越大的话，该空间就越明亮。利用这个特性，可以用狭小内角创造阴暗空间，而衬托出其他空间的宽敞明亮；或将大内角处作为入口空间，呈现一种开放的印象；或将内角导圆角来处理，让角度消失、接缝不见。内角不同的处理方式影响着空间所呈现的不同形象。

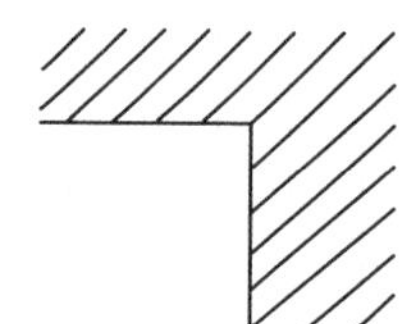

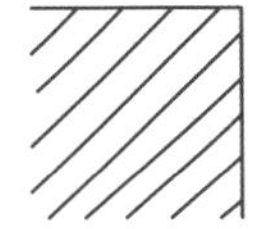

247 外角的家

相对于内角，外角是指“对折后所产生的角的外侧部分”。在四角形的房间里面来算的话外角一个都不存在。外角虽然多为90°直角，但若呈现锐角，代表会出现不连续的面；若呈现钝角，代表会出现连续的面。就拿金泽21世纪美术馆特瑞尔展示室为例，它的天花板天窗周围用锐角的外角来处理，如果我们从下面往上看的话，看不出天花板其实是立体的，只会看起来像是天空与天花板都是平面的。像这样，只要将外角角度稍微改变就可以操控内角那一侧看过来的视觉效果，相当有趣。

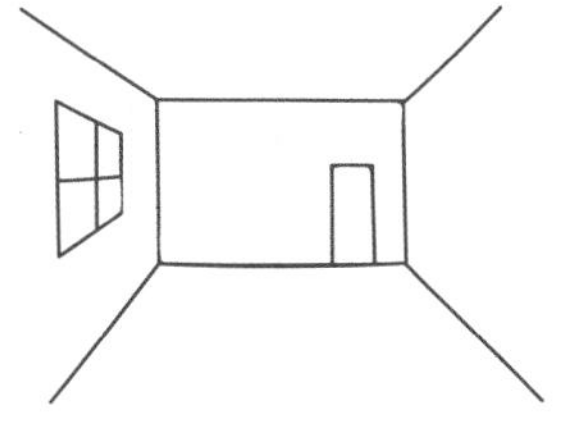

248 房间的家

建筑与房间的关系，就像“先有蛋，还是先有鸡？”的问题一样，切也切不清楚。从建筑与房间的关系出发可以产生许多丰富的变化：在建筑中塞满了房间、将建筑中的房间作区隔、将房间集合起来去创造一个建筑、让房间分散各处而不成一个建筑。让我们去寻找更多变化的可能，应该会相当有趣。

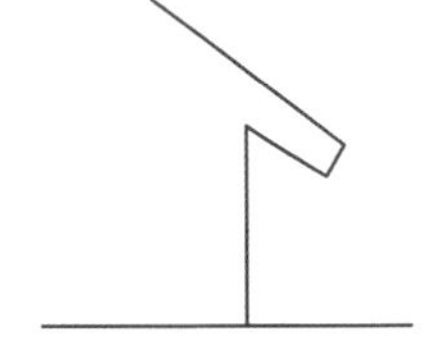

249 屋檐的家

不管是屋顶末端突出于建筑物外的地方，还是附加在外墙上可遮风避雨的地方，都通称为屋檐。以突出于外的程度来看，有非常小的屋檐，也有非常大的，它们保护了外墙不受风雨与日晒的侵袭，也调整了光线照进窗户的角度。屋檐的突出程度大大左右了建筑的气氛与样式。屋檐要突出于外，还是不突出于外？这改变会瞬间影响建筑的氛围。构造上，外推突出的部分容易受到风的影响，必须小心处理。在玄关外部等处，为了让进出的人不被淋成落汤鸡，大多都会加装一个小屋檐。

【实例】琉森文化会议中心／让·努维尔（Jean Nouvel）

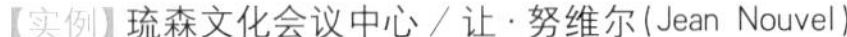

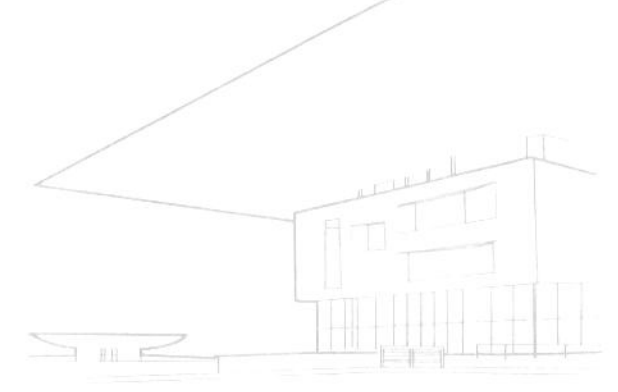

琉森文化会议中心

设计：让·努维尔（Jean Nouvel）

这个建案位于瑞士琉森车站旁，是一个内含演唱会大厅、会议厅、美术馆等的文化会议中心。这个拥有巨大屋顶的建筑矗立于卢森湖畔，它的屋檐突出于湖面有23m之大，从湖的对岸看过来一目了然。大而扁平的屋檐，其水平线与湖的水平线平行，形成一种上下呼应之趣，并赋予这个建筑最重要的特征。

250 | 连续窗的家

柯布西耶所提倡的"现代建筑五原则"之一,就是"水平连续窗"的运用。这与"现代建筑五原则"的另一个原则:"自由的立面",意义几乎相同。过去的石造建筑无法让外墙从建筑结构中解放出来,无法让水平连续窗成为可能。时至今日,被称为是"缎带般的窗户"的连续窗,就像缎带一样将建筑物团团围绕。连续一整排的窗户,从外观看来就像内部空间也毫无藩篱、彼此相连一样。它带来最大的效果是:从外观一气相连的窗户往内看能够看到不同空间所呈现的不同风景。

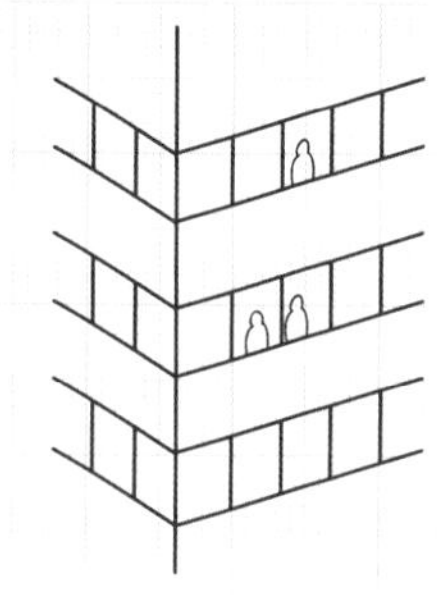

251 | 屋顶花园的家

"屋顶花园"与"水平连续窗"一样,同为柯布西耶所提倡的"近代建筑五原则"之一。近年来,由于重视地球环境的议题抬头,建筑物的"顶楼绿化"也成了推广重点。"顶楼绿化"与"屋顶花园"意义相仿,但"屋顶花园"强调在地面以外的地方——屋顶设置花园,更具有积极的形象。检视屋顶的形式时,究竟哪种屋顶适合盖成屋顶花园呢?是双斜屋顶吗?还是四方锥形屋顶?或是平屋顶?将绿树试着种在这些屋顶上说不定会有新发现。

252 | 平地的家

人类追求平坦的场所居住,会不惜将山给夷平后定居在平地上。人类习惯将土地整平,在这平坦基地垂直方向上再盖出几层平坦的地板,增加平坦的面积。在平坦辽阔的草原上,用布轻覆而成的蒙古包也是一种住在平地上的形式。住平地真的有其必要性吗?平地与大地是一样的意思吗?被填平的土地就是平地吗?怎样算是自然的平地?怎样算是人工的平地?需要从多种角度重新观察基地的特性。

253 | 入口·出口的家

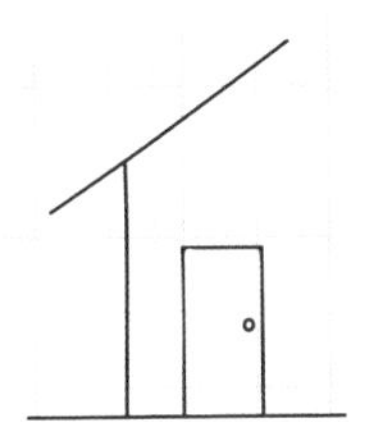

入口·出口，有开口、窗户、玄关、大门、门片等多种形式。一般说来，泛指东西进出的场所。就像换气口是让空气进出的场所一样，许多出入口的设计事先明确地厘清进来与出去的东西。但也有像窗户这样的出入口，让光、风、空气等复数的东西进进出出。让我们去想想：让至今都没从出入口进出的东西从出入口进出试试；让从未见过的复数东西的组合一起从同一个出入口进出试试。这样说不定会发现新的关系性！

254 | 天花板的家

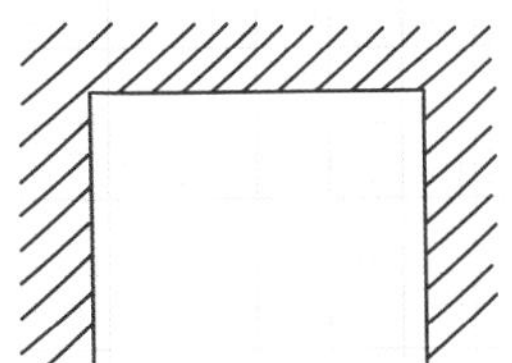

住宅里面，天花板可以说是身体最不容易触及的地方。它的呈现方式会大大影响空间给人的印象。天花板夹层里，通常是设备的收纳场所或管线的隐身之处。如果我们积极地将天花板作设计，这个夹层就会呈现不同的样貌，而空间的也将变得不同。另外，天花板之上是房间，还是顶楼空间？是紧连着屋顶，屋顶上就是天空？天花板的位置大大影响它的设计方式。针对天花板，让我们重新深入地探讨。

255 | 天花板高度的家

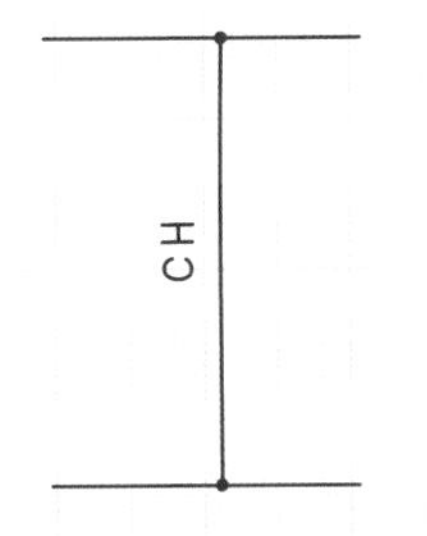

"天花板高的空间，住起来好舒服"、"天花板低的空间，给人压迫感"一般人都会这么说，但真的是这样吗？高与低的分界线在哪里？即使天花板低，却可创造出具有适当的压迫感与紧张感的魅力空间。如果天花板太高，整个空间因向上延伸感太强烈变得没有节制、没有重点。什么是最适合那个空间的天花板高度呢？这不仅是高度的问题也关系着空间平面的比例，甚至跟窗户等开口处的呈现也有关系。

【实例】雕塑博物馆／彼得·马克力(Peter Markli)

雕塑博物馆

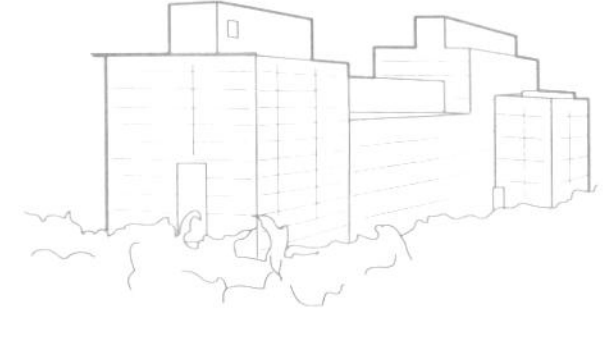

设计：彼得·马克力(Peter Markli)

这个位于瑞士南部的博物馆，专门展示雕刻家Hans Josephosn的作品。由三个天花板高度各不相同的混凝土结构箱子相互联结，构成室内明快的空间。建筑所在的位置可饱览阿尔卑斯山美景，但建筑本身却设计成封闭无开口。这样如同雕刻般的建筑呈现，是为了与所陈列的雕刻品呼应。

256 | 基地的家

建筑基地的平面形状与高低差，有些会大大影响建筑计划的进行。在基地上放置建筑，这两者之间的关系就好像"地与图"一样，其平衡感必须拿捏好。建筑物必须盖在基地上，但是要让人感觉到基地的存在，还是要淡化基地的角色、让人忽视它的存在？当要表现的距离感与立场不同时，就必须针对这个问题仔细且慎重地思索一下。如果依然迷惘该怎么办，答案之一就是：实际去基地看看！

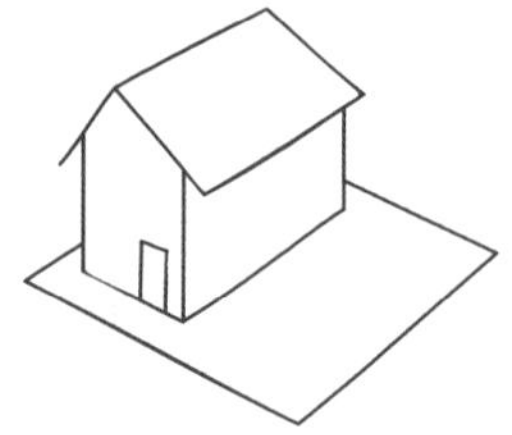

257 | 壁面的家

建筑里外到处都是墙壁。走在马路上，看到的几乎都是建筑的外墙。若透视建筑内部，会发现许许多多的内壁与隔间墙。墙壁具有让东西不可穿越的形象。实际上，我们还可以把墙壁视为建筑中可挥洒各式各样创意的画布：在墙上装饰一幅画、挂一块时钟、随手涂鸦……开有窗的墙壁让风与光线流泄进来，同时也将美丽的景色拦截进来，这时适合手靠着墙去沉思、就像一个人打壁球般地自处。墙壁就是这么一个什么都默默承受、什么都无条件接受的角色。

258 | 挑高的家

挑高空间是建筑中让风与空气可以对流的场所。当然不只是风，光线、视线也能穿透。狭小空间会因为垂直方向挑高空间的运用，创造出宽阔的空间效果。另外，在住宅墙壁的一侧设置挑高空间与在住宅中央设置挑高空间，将会呈现不同的空间印象。试着为各式各样的挑高空间增加一点变化，如果把挑高作法变成"在地板上开个大窗"，是不是会更有趣呢？

【实例】樱台的住宅／长谷川豪

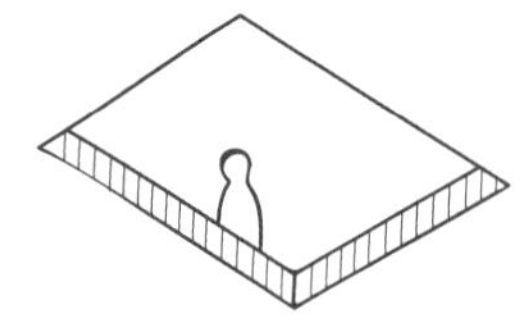

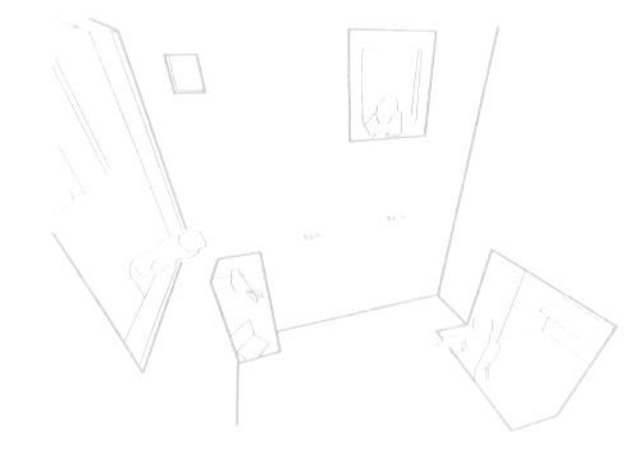

樱台的住宅

设计：长谷川豪

这个两层楼高的木造个人住宅呈长方体，侧边设置的巨大房檐是外观上的一大特色。内部的所有房间，都围绕着中央一个配有桌子的房间而建。桌子上方就是挑高空间。动线上所有的房间其实是不相连的；但在视觉上，却创造出房间彼此紧密相连的互动感。

E

环境·自然
Environment, Nature

259 | 地震的家

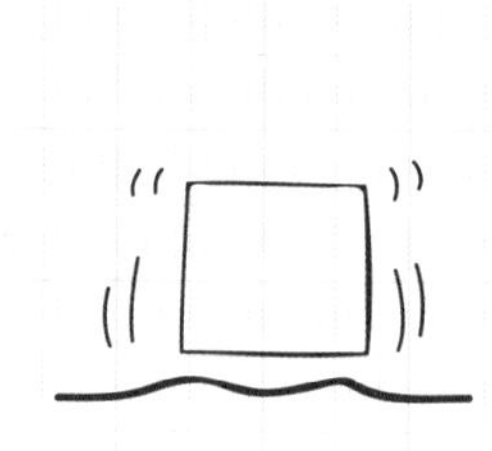

当建有建筑的原本安定的地面突然发生地震，对其上的建筑将会产生难以想象的破坏。建筑物，原本是为了保护人类不受严峻的大自然侵袭而存在的。然而，一旦地震发生，原本带给人安全的建筑物将摇身一变成为杀人凶器。因为建筑物本身很重，会直接承受地震所释放的力量。是要建造一个足以正面迎击地震的坚固建筑物呢？还是要搭建一个柔软、有服从性的轻盈建筑与地震共处呢？地震问题大大影响建筑设计的方向性，在思索建筑构造与平衡时，也必须将避震问题考虑进去。将地震视为自然环境的“恩典”之一，去检视、去思考。

260 | 坂的家

坂，土字旁加一个反，义如其字，代表土地倾斜的状态。在这样的地形上盖房子虽然不容易，但生活在此，有美景相伴，还可以接近大自然。爬上去虽然辛苦，但走下来却相对轻松的斜坡，给人些许负担，依据斜度不同呈现相当不一样的形象。在坂上可以看到各式各样的景色：若隐若现的山岳、高楼、不那么立体的视觉效果等。从平缓的坂到急斜的坂，各有不同的特色。分析每种特色，将斜坡运用在设计里吧！

近义词：倾斜

261 | 宇宙的家

若问宇宙与建筑之间的关系，它们之间应该说没有什么直接关系。的确，我们看得到星空、看得到极光、看得到太阳与月亮，在背后支配这一切的，就是宇宙。宇宙是一个充满未知数的世界，去思考它与建筑表现的关系，说不定还太早，但不久的将来，说不定不少建筑先驱者会争先恐后地提倡“宇宙建筑”。现在与宇宙有直接关系的建筑，应该就属备有望远镜的巨蛋吧。另外，装在建筑物上、对着外层空间的卫星天线，也勉强称得上相关。

262 | 天气的家

建筑周边的环境中,天气是最影响建筑的因素。随着时间的推移,天气也跟着变化,要全面地预测天气并预防它几乎不可能。建筑经常要与这一号任性且大牌的对手交手。随着国家与地域的不同,气候、风土也随之不同,而建筑的外形、特征与给人的印象也跟着改变。去世界各国旅行时,观察当地的建筑是如何适应当地的风土气候,将会从中学到许多。日本横跨许多气候带,南有炎热的亚热带,北有冰天雪地的极寒区域,这样气候的差异反映在区域内的建筑设计上。

263 | 湿气的家

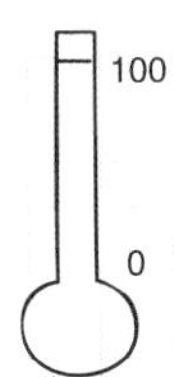

在日本有几个月属于高湿度季节。高湿度期间,会为建筑带来什么影响呢?另外,气温与湿度会对建筑设计产生什么效果呢?相对而言日本住宅比较脆弱,这跟高湿度脱不了关系。由于高湿气,让房子腐朽、让墙壁内冒水珠、让许多看不见的地方都慢慢毁损。如果放着不管的话,会影响居住在里面的人的身体健康,所以不能大意。但是不能只想到湿气的负面地方,应该把它视为是日本特有的风土条件,更正面地将它应用在建筑设计上。对于能调节湿度的材料或是能展现通风效果的巧思,都是我们必须探究的。

264 | 地层的家

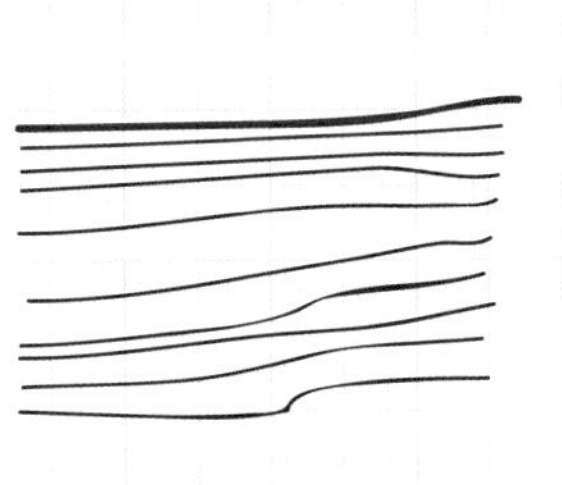

建筑的地盘里,有各式各样的地层存在:有强度高的地层、有强度低的地层、有含水量丰沛的地层、有含有贝壳的地层。地层诉说着土地的历史。在这个记录着历史的地层上搭盖建筑,必须先去理解地层再着手建筑,才会盖出没有问题的房子。如果建筑的方式与记录着大地的地层不相融合的话,很可能会导致建筑倾倒、腐朽。这些问题,大多都是靠进步的技术也无法克服的致命性问题。为了盖出可长久屹立不倒的建筑,必须正视建筑与大地之间的契合度。

【实例】地层的家 / 中村拓志

地层的家

设计:中村拓志

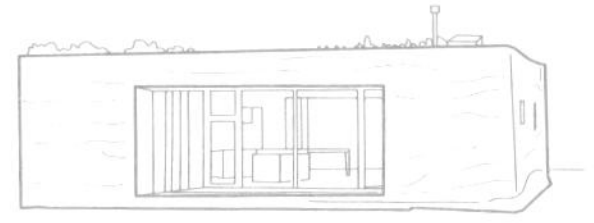

这个度假型住宅建于海边,背后就是翠绿的群山。为了不抢走山与海的风采,建筑本身设计成低调而简易的门型平房。钢筋混凝土结构下,为了让外墙有断热的效果,特别用当地的土来制作土墙,屋顶也同样用土覆满。着手施工的屋主也是这个土墙的功臣之一。泥土墙表面的斑驳效果就像大地的地层一样。

265 | 干燥的家

冬季空气变得干燥，许多材料会因为干燥而收缩变形。有些木材就会因此而翘曲，土墙也可能干出一道裂缝。在建筑设计与施工前，理应将干燥所造成的影响事先评估进去。但干燥所引发的问题可大可小，有些微小变化甚至不成问题。完工后的泥灰涂墙其实有无数个小裂痕均匀散布其中，这样才能防止大裂痕的产生。当建筑本体产生大裂痕的话，会有漏水的情况产生。就像干燥是肌肤的头号大敌一样，干燥也是建筑里不可轻忽的一环。

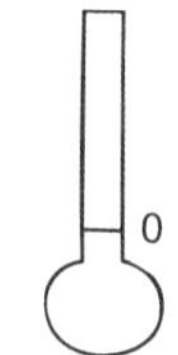

266 | 小岛的家

说到"岛"，我们会马上联想到从大陆分离出来的孤岛。家若过于强调隐私的话也会像孤岛一样，浮立在都市大陆之外。因此我们也可以说：家就像孤岛一样，没有特殊原因的话我们不会随便去别人家拜访，就像不会随便去孤岛拜访一样。然而，利用船舶等交通工具可以将岛与岛、岛与大陆相连。那么，要通过什么手段才能将家与家、家与都市相连呢？随着连接方式的不同，家可能变成离群而居的孤岛，也可能变成生活网络彼此相关的群岛。

267 | 月亮的家

夜空里，高挂着月亮。为夜晚的道路带来光亮的月亮，刻刻变幻的姿态为建筑带来戏剧性的张力。让我们想想：映在水面上的月亮、为夜晚的寝室带来微弱光辉的月亮，这些平常我们不太注意的月亮姿态，如何应用在建筑上？注意观察一下月亮的移动与亮度，会发现它深不可测的内涵。而月亮从圆到缺的独特形状变化也能带给我们某些启发。

268 节的家

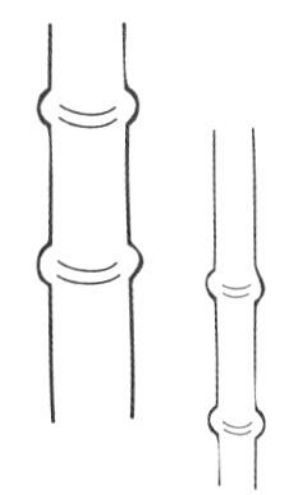

树木有节。节，记录着枝叶的生长过程，可以看成是一种生长节奏的区隔，也可以说是让整体有了统一表情的功臣。建筑里，每个楼层就像树木的每一节一样。长长的材料，往往是由几个短的材料相接而成，这接连处的缝也像节一样。天然素材中的节，间隔的形式有各式各样；而人工所产生的接缝节，间隔则非常平均且统一，而且表面会美化到让人看不见它的存在。

近义词：区分、分割、分节

269 樱花的家

说到代表日本的花，首推樱花。一到春天，大家就会聚在樱花树下，把酒言欢。淡粉色的樱花，在湛蓝天空的映衬之下，酝酿出日本独有的美丽风情。当然，其他像梅花、枫叶、竹林等，也都能创造出日式美学的一景。适合日本气候栽种的花草树木有哪些？建筑要如何与这些花花草草共存？值得我们去思考。花花草草，可以看成建筑材料的一种，其颜色、形状、大小等，也可以当成建筑参考的一种。

270 富士山的家

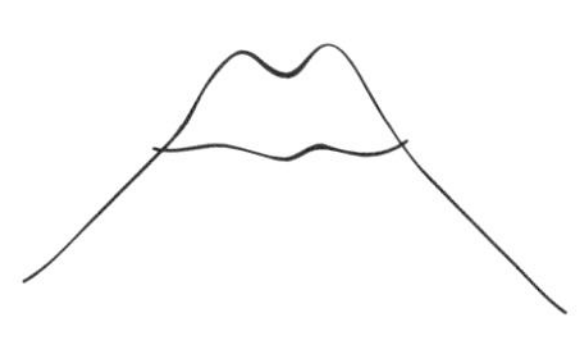

象征着日本的富士山，以其优美的形状与巨大的规模闻名。看得到富士山的地方，其建筑的取景、建筑的造型都围绕着富士山这个重点。有巨大山岳为背景的建筑就像有了依靠一样，整个建筑有了远景与近景，远近相连之间更具层次感。江户时代的浮世绘所呈现的富士景色让向往富士的心无限驰骋在日本街道风景里，如何重拾快要被遗忘的富士景色？试着登上富士山，说不定你就能发现答案。

【实例】日本武道馆／山田守

日本武道馆

设计：山田守

这个室内竞技场，是为了1964年东京奥运会而建的。建筑模拟法隆寺梦殿的外形，在八角形建筑平面上盖出一个拥有富士山意象的大屋顶，成为外观上最醒目的重点。当初为了强调“武道圣地”这个意义而建，时至今日，许多大型演唱会都在此举办，让它摇身一变成了音乐圣地。

271 | 太阳的家

太阳，为建筑带来光亮，为冬天带来和煦的阳光。但是，阳光太强的时候也会为建筑带来残酷的考验。针对这个考验，出现了遮阳、房檐等字眼，这都与太阳息息相关。太阳与建筑的关系就像季节与建筑的关系一样，会大大左右建筑的呈现。世界各地的建筑，因着地区的不同而不同，这与日照角度有很大的关系。建筑与太阳如何和平共处，其实是相当困难的议题。但经年累月之后，时间会为我们找出这个答案。

272 | 杂草的家

对杂草掉以轻心的话，它马上就会在建筑物脚边作怪。只要一点点缝隙，生命力强韧的杂草马上就从那里冒出来。其实杂草偶尔也扮演着建筑物脚边的化妆师，给人值得依赖的感觉。但另一方面，杂草拥有可以挣脱柏油冒出路面的可怕力量，当然也可以对建筑造成威胁。找出让杂草与建筑和平共存的方法相当重要。

273 | 森林的家

森林与树木不同，它呈现着独特的风貌。在茂密的森林里，阳光从树叶间洒落，孕育着下面较矮小的草木。另一方面，鸟鸣、风吹、树叶摩擦的沙沙声充满着森林，好不热闹。让我们想想：盖在森林旁的建筑或盖在森林里的建筑，要如何将森林美景活用在建筑中呢？从森林中树干与树干之间可以望向远方的风景，也可以从中偶遇小动物！但到了夜晚，森林安静到让人害怕。在森林里盖房子，不仅条件严苛、相当不易，还需重视与大自然的对话。

【实例】森林里的住宅 / 长谷川豪

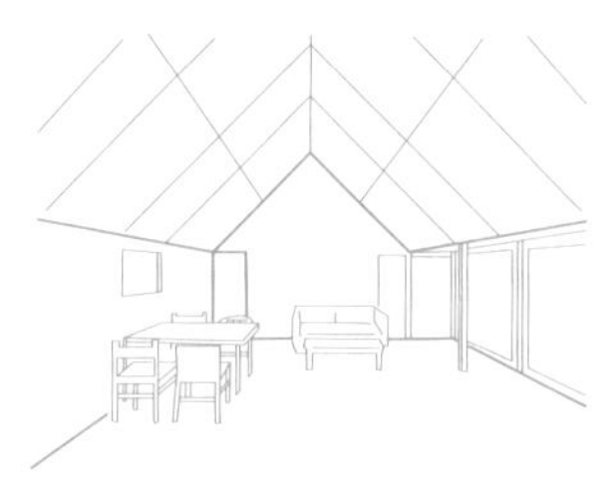

森林里的住宅

设计：长谷川豪

这个建于森林中的别墅基地周围尽被绿树围绕。采用与树木形似的“家型”作为建筑剖面造型，就像“箱中有箱”的手法一样，创造出建筑本身与外部环境之间多样的空间关系。双斜天花板采用穿透性材质建成，让室内呈现令人为之惊艳的氛围。

274 | 池塘的家

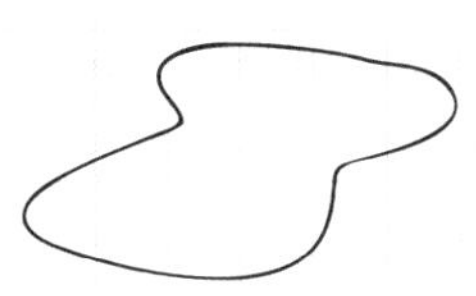

池塘、沼泽、湖泊，都是积水场所。积水场所的大小不同，对建筑所产生的影响也随之不同。倒映着景色的水面、起风后被吹皱的水面、水落下产生阵阵涟漪的水面，这种种水的光景唤起我们许许多多的记忆。但是建筑物脚边若有积水，会给人不好的联想，而且积水也容易招致孑孓、蚊虫，产生许多问题。让我们针对建筑与水面之间会产生的效果与会引发的问题，重新检讨后再着手设计建筑。

275 | 树的家

世界上，有各式各样的树种：高耸的树、坚硬的树、粗大的树、木纹清楚的树、枝叶茂密的树等，各有各的特征。有些树木就在建筑物旁边，有些则是存在于建筑物背后像个衬底的远景一样。有些树木会长果实，有些会长出华丽的花，也有些是长绿树，有些是落叶树。把握不同树木的不同特性，从中找寻新的建筑表现方法。

276 | 庭院的家

要理解庭院，恐怕要从实际修整庭院内的花花草草开始。在思考建筑与外部环境间的关系时，庭院扮演着不可或缺的角色。在被设定的建筑基地上，要盖房子也要辟庭院，这时，建筑物和庭院都可能成为主角。要如何让建筑与庭院共存于同一基地上呢？这个问题值得我们思考。另外庭院本身有各式各样的形式，从西式庭院到日式枯山水，研究各种形式的不同呈现应该相当有趣。

【实例】龙安寺石庭

龙安寺石庭

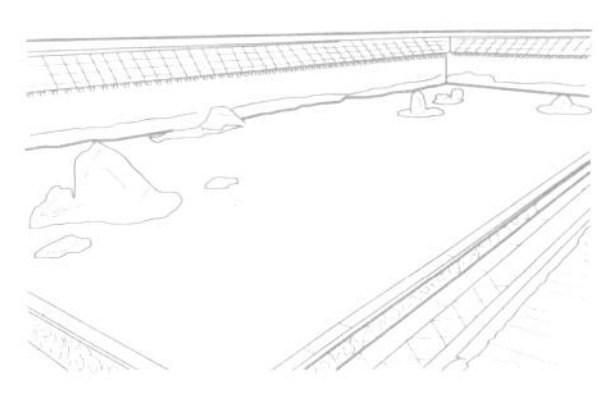

这个被称为"方丈庭院"的石庭，其"枯山水"是日本最具代表性的。在22m×10m的基地上铺上洁白的砂子，并在几个地方放上石头简约地构筑出枯山水的世界。这种呈现方式与其说是庭院，不如说是一种艺术的表现。

277 | 烟雾的家

当空间中充满了烟雾与水蒸气，会呈现一种昏沉的、看不透的、暧昧的、如同诗一般的风景。当光线射入这样的空间时会出现一道光束，就像幻想出来的风景一样。想想看，怎样的环境会造就出这种迷幻风景呢？脑海里马上联想到：充满热气的大浴场与吞云吐雾的可吸烟酒吧。外部空间的话，像从建筑内部不断排烟的烟囱或是雾与晨霭这种自然现象围绕在建筑周围时，所呈现出轮廓不明的景象，都是烟雾形式的表现。

278 | 风的家

建筑物当然必须耐得住强风吹袭。但若说建筑完全是为了抵挡风、雨与雪的侵扰而存在的，好像也并非如此。为了让室内换气与通风效果良好，适度地让风吹进室内是非常重要的。在空间的高处与低处各开一个口，因为高低压力差的关系，低处的口自然会将空气吸进来、高处的口自然会将空气排出去，让空间产生了风。另外风也作用在风景上。微风袭来，轻颤的枝叶为景色增添了恰到好处的生动。风所带来的恩典是数也数不清的。

279 | 岩层的家

岩层就是地层之中露出于地面的岩石层的那一部分。岩层与地面的岩盘坚固地连接在一起，具有非常强硬的表情。若要从重量感与存在感来比较，建筑想要赢岩层可以说相当困难。日常生活中，虽然接触岩层的机会很少，但可以从岩层特有的表情中学到些什么吧。身体倚靠在岩层时，感觉是坚硬且冰冷的。我们很难在岩层上打地基、盖房子，反而是在建筑上放上石材来施作。

280 | 火的家

火，对人来说有独特的魅力。炉灶的火、取暖的火等，建筑中也有不少火的元素。火是散发温暖的热源，火焰的姿态相当魅惑。但火也是火灾的元凶，建筑物最怕火灾的威胁，为了预防火灾，建筑物从内到外都做了不少准备，例如大量使用不易燃的材质于建筑上。在观察燃烧中的火苗的同时思考火的魅力与建筑之间的关系吧！

281 | 动物的家

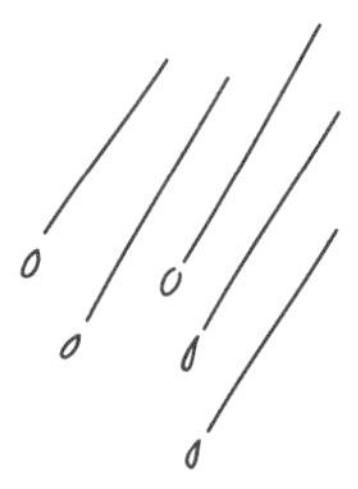

家中除了人以外也可能有动物存在，例如狗、猫、兔子、乌龟等宠物。被饲养的宠物，从大到小各种都有。你想跟哪种动物一起生活呢？动物会产生特殊味道，也可能把家具或绒毯抓破。盖房子之前，建筑师需要为有宠物的家设置宠物专用的门、专用的厕所。与人类一起生活的动物可以感应到人类以外的气场，是为空间增添魅力的成员之一。

282 | 雨的家

建筑中，最被需求的功能之一就是防雨。为了防雨，我们设计了屋顶与排雨沟在建筑物上。虽然雨带给建筑无限的困扰，但窗前的雨景会给人一种独特的诗意。多雨的日本，"雨中即景"也可以视为建筑的一部分。过去许多知名建筑，就是将雨的处理作为设计重点来表现建筑。这也印证了：雨的议题，会大大影响建筑的呈现。

【实例】利口乐欧洲公司 生产与仓储大楼／赫尔佐格和德梅隆(Herzog & de Meuron)

利口乐欧洲公司 生产与仓储大楼

设计：赫尔佐格和德梅隆(Herzog & de Meuron)

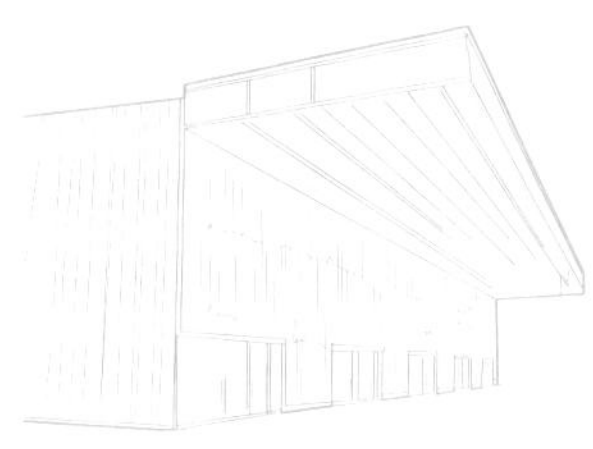

这个生产与仓储大楼位于法国米卢斯。该建筑以正面整面都是叶子图案而闻名，但侧面的外墙，却记录着长年雨水滴落的痕迹。那脏污的痕迹不加修饰地保留在侧墙上，如同当地的风土也被保留下来一般。并故意将屋檐下面弄出锈蚀效果，让它看起来有脏污感。建筑正面的图腾效果对照紧邻的侧面与屋檐面的沧桑感，形成有趣的对比。

283 | 洼地的家

洼地是指周围高起、中央凹陷的难以逃脱的地形。在这个地形里，某些东西在此堆积、沉淀。也就是说，相对于周围的高起，洼地里中央凹陷处好像会将水与各式各样的东西招引进来。月球表面自然形成的坑坑洼洼，就是一种洼地的表现。让我们观察一下各种洼地的形式，并想象一下堆积在那种洼地上的会是什么东西吧！另外在风景画的世界里，运用洼地来表现也是常见手法之一。

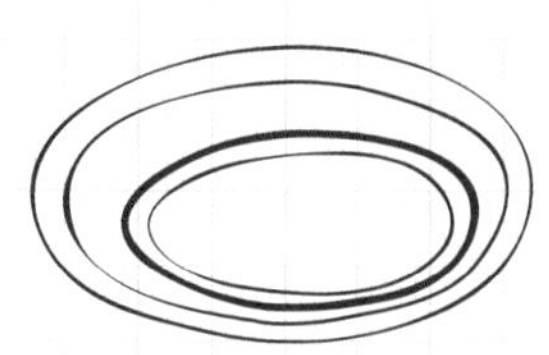

284 | 云的家

仰望着空中飘浮的云朵，怎么看也看不腻。云的形态非常多变，有时快速移动、有时完全静止，为天空创造出变化万千的风景。日暮时分，还会被染上一层鲜红的颜色。这样的云，有时会映在建筑的外墙上，有时会在地面形成阴影，在天空之外展现它不同的风采。另外云常常被描绘成抽象的形体，但在插画里或漫画对话框所呈现的具象云形更为人熟知。

285 | 山的家

在群山环绕的风景里，建筑该以怎样的关系存在？相对于山的形状，建筑要呈现怎样的形式才好呢？同样是山，有非常险峻的山形，也有非常和缓的山形。根据山的形式的不同，建筑的表现也随之变化。另外，建筑与山之间的距离也影响了设计的方法。当建筑与山距离遥远时，我们看到的不是一座山而是一片连绵的山脉；相反，当建筑就盖在山麓下，建筑可以表现成"就像山的一部分"一样。

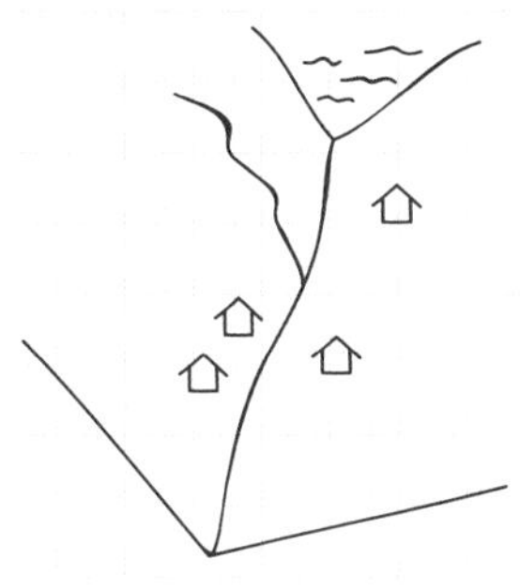

286 | 山谷的家

深山里的聚落通常都聚集在水源附近。水源是创造出山谷地形的头号功臣，也吸引着人们来此定居。盖在山谷的房子，由于是在山阴处所以特色是：日照时间较短、吹来的风也较冷。另外由于山谷两侧都是山，所以只有沿着山谷的方向看过去视觉上才开阔。山谷又分成U形山谷与V形山谷等不同形式。拉远来看，源头处不同小山谷的水源，经过合流之后形成较大的山谷，这样的动作一再重复后，就会形成更大的山谷。

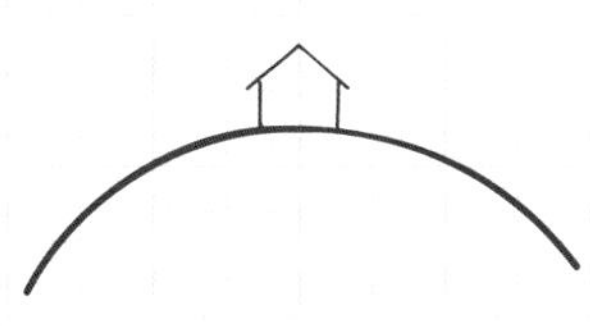

287 | 丘的家

丘不是山，也不是坂。它与山的高度、斜度不同。丘是微微隆起的地形。说到丘，让我们想起节奏轻快的日文歌“越过山丘向前行”，让我们联想到愉快的事物。沿着山丘微微升高的坡度前进，视野慢慢地变得开阔，不知不觉中登上了山丘之顶。眼睛所及的，不是戏剧性的变化而是连续的、若隐若现的微小改变。为什么山丘让人觉得舒服呢？在寻找这个答案的同时，说不定也可以找出你自身对于舒服的定义。

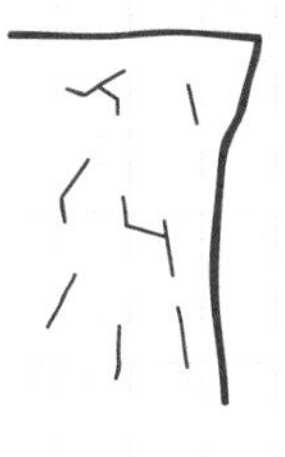

288 | 悬崖的家

悬崖是非常吸引人的目光的。从下往上看悬崖，有一种魄力；从悬崖上往下看，则有相当程度的恐怖感。在悬崖上会让人害怕到裹足不前，却又眯眼偷望。悬崖拥有刺激的高低之差与粗犷的地形表面，建筑物该怎么与它好好配合才好呢？当置身于这样严苛的环境里，触目所及的会是怎样的风景呢？让我们想想：在悬崖上盖房子或是在悬崖绝壁处盖房子，这样的场所会产生什么样的问题呢？

【实例】三德山三佛寺·投入堂

三德山三佛寺·投入堂

百闻不如一见，这真的是盖在悬崖峭壁处的佛堂！因为是悬崖峭壁，所以拥有坚硬的岩盘作地基，因此在其上搭建的这栋建筑至今仍屹立不摇。这栋被认定是国宝的建筑，建于公元849年。参拜者允许进入到仰望得到这个佛堂的巧夺天工之处但禁止登堂参拜，怕会发生滑落坠死等意外。

289 | 水的家

水是让生活变得舒适的东西。细小的河川流过的话会发出潺潺水声，光听到这个声音，就让人身心舒畅。若置身于湖畔或海边还可眺望到开阔的景色。想象一下你在水边，是不是可以盖一个像桥一样能横跨到对岸的建筑；或是像船一样能浮在水面上的建筑呢。在住宅中，如何去营造一个有水的场景呢？建造一个喷水池或摆设一个装饰用水缸……让我们去感受水与家之间微妙的变化吧！

290 | 景色的家

思考住宅的构筑时，"景色"这个词代表着从窗户眺望出去的美景，也代表着视线被限制下所产生的被截取的框景。换个角度来看，住宅本身也是街道景色的一部分，夜晚从高处往城市眺望的话，住宅也成了闪亮夜景的其中一点。今后我们除了要从建筑内部去思考：如何控制景色呈现方式，也要从建筑外部去检讨：建筑本身要呈现出怎样的景色。以此为方针试着设计看看。

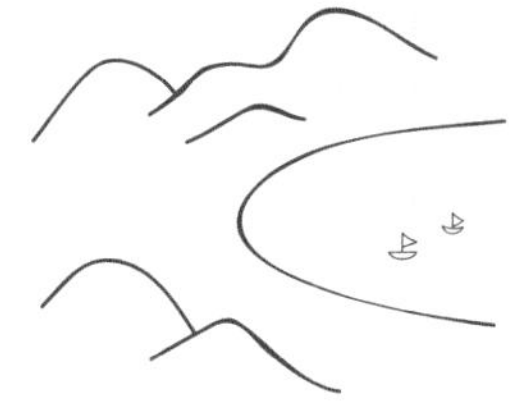

291 | 方位的家

设计之所以要考虑到方位，因为方位代表着一整天或一整年阳光射入建筑的角度，也代表着不同季节的风向。从古至今，住宅内空间的安排与方位息息相关：把寝室安排在一大早就晒得到太阳的东边；把客厅安排在明亮的南边；把工作场所安排在透过间接采光手法让整天的采光效果安定的北边。因为方位的不同而产生不同的空间个性与配置。都市计划习惯沿着东西南北方向开设道路，这也大大影响了建筑的方位。让我们进而去思考：棋盘格式的都市与建筑之间的关系吧！

292 植物的家

不管怎样的建筑，只要旁边种了一棵树就会让人觉得很舒服。能让植物成长茁壮的环境，对人来说就是舒服的环境。绿色植物与人类之间，一直有着密切关系。"植物"这个词，却代表着各式各样的树种。在建筑中或风景里植物呈现出形形色色的风貌。大片铺排在地层表面的草皮，像绿色的绒毯一样；攀爬在外墙上的常春藤，仿佛绿色遮光罩一般；连绵的藤棚，遮蔽了外界的视线，犹如绿色围墙。另外像树屋这样，植物本身就是建筑结构也是一种建筑的可能。让我们重新思考家与生命力旺盛的植物之间的关系吧！

293 地形的家

建筑物坐落的地点，不一定非得要平坦的基地。如果基地不平，必须想办法让基地归于平整，但这种"移平计划"非常复杂且困难，往往让人唯恐避之不及。地形不光只有平坦的，也有不平坦的；而不平的地形不光只有缺点，也有优点。微小起伏的基地上可以创造出一种可以凭靠的室内空间氛围。另外在建筑物过于密集的场所，习惯把自己以外的建筑物视为高大的岩石或山脉般的地形。希望大家能将建筑与地形之间的相关性妥善设计。

294 天空的家

就像巴比伦通天塔当初搭建的意义一样，人们妄想着离天空越近就与天上的关系越密切。整体来说，将天空纳入建筑的想法只有一个，做法却随着建筑的剖面、平面、开口或整体构造与天空相关方式的改变而改变。开一个天窗，可以将天空框进家中；盖一个中庭，可以将天空切一片进来；或是直接让整个建筑浮在空中。天空与太阳的关系也很密切。比起南边的天空，北边的天空更为炫丽，背对着太阳拍天空的话，会拍出湛蓝的天空美景。采光与景色对建筑设计来说虽然重要，但天空与建筑有密不可分的关系。针对这层关系，我们需要重新认识。

【实例】天空之屋／菊竹清训

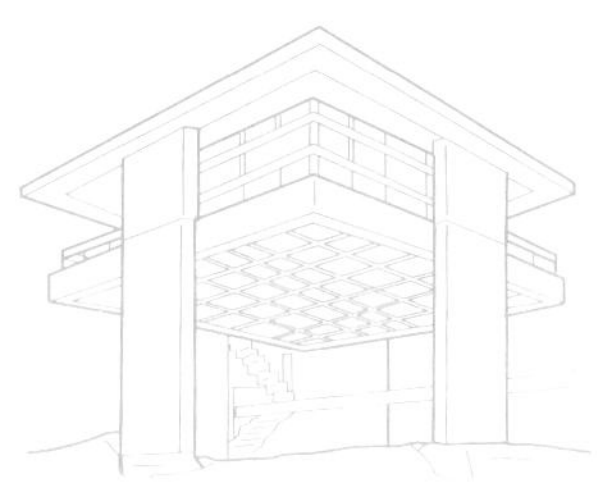

天空之屋

设计：菊竹清训

这是在东京文京区音羽的崖地上腾空搭建而成的建筑家自宅。内部平面呈现10m^{2}的正方形没有任何隔间，并由四片钢筋混凝土壁柱将内部空间整个抬起，成为非常有特色的腾空建筑。方形屋顶微微倾斜几乎就像平屋顶一般。现在，底层架空的部分正在扩建房间。

295 | 影子的家

有光的地方，就有影子。"影子"是被住宅区嫌弃的东西，由于"日影规定"的规范，我们必须小心自宅的阴影不要落到邻居的基地上去。相对于此，树木的影子就受欢迎得多。另外，覆在垂直面上的影子较不受欢迎；覆在水平面上的影子却受欢迎许多。例如帐篷的篷布，与其说用来遮雨不如说是用来制造影子，让里面的人享受阴凉。墙壁与天花板这种空间中的重要元素，也是制造影子的重要元素。从这个角度切入，应该可以找到影子的不同处理方式。

296 | 空调的家

空调，一般是指冷气设备，从字面上来定义的话，代表着"调节空气"这件事。若从这个定义来看，"只想把房间变冷一点"这种心态很难说与"调节空气"的心态一样，每个人对冷热的感觉本来就不同。所以"调节空气"真正的意义是什么？空调设备进步至今，已经能透过温度感应器来测知室内的冷热状况，进而有效地调节空气。面对进步的空调功能，建筑该如何取其优点应用在建筑中呢？这个问题值得我们重新审视。

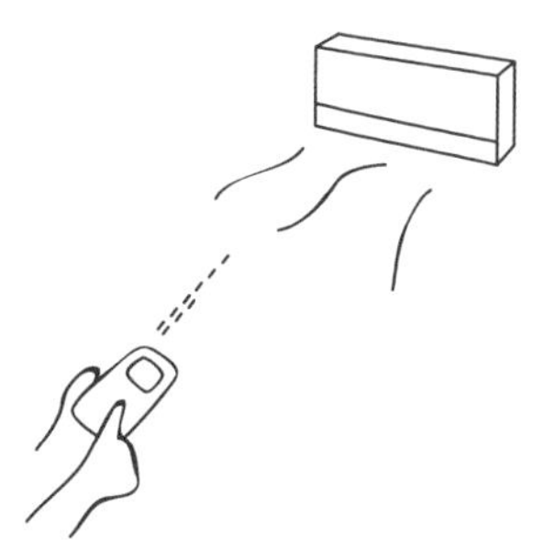

297 | 环境的家

与"环境"紧连的词汇有很多，像地球环境、生活环境、工作环境、家庭环境等，环境代表的意义是很广的。听到"环境"这个字眼，会让我们联想到很重要的"环保议题"，这里希望大家重新审视的环境是围绕在每一个人身边的"周遭环境"。围绕在每个人身边的状态会循环不停地一再重复，模拟一下：当这个时候，建筑会有什么事情发生呢？

298 | 夜晚的家

到了夜晚，明亮与昏暗的角色互换。白天窗口投射进太阳光，伴随着阴影的产生；到了夜晚，房子里点亮了灯，透到房子外形成了夜景的一环。内外的明暗关系，也影响了玻璃的穿透与反射关系。当空间明亮的话，玻璃就会展现它穿透的特性；但当空间昏暗的话，玻璃会摇身一变成为全黑的反射面。当被黑暗包围，人的眼睛应该判读出来的细节都被遮蔽了。去观察白天转变成夜晚之间的变化，去思考夜晚的家的样貌吧！

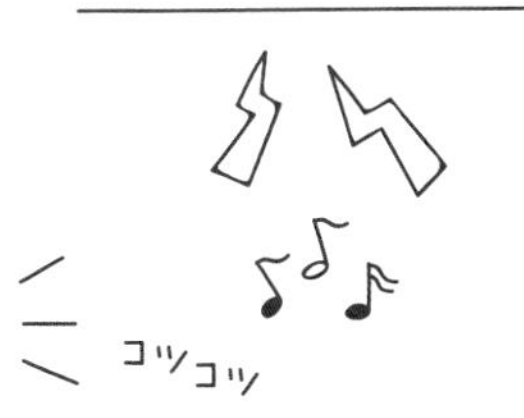

299 | 声音的家

建筑中声音多被视为是“负面”的存在。车水马龙的车声、邻居的练琴声、地板的嘎嘎声等，隔间墙的隔音功能、吸音功能就是为了遮蔽这些生活中难以忍受的噪音。但是在完全没有任何声音的隔音空间里，人又会不可思议地觉得不安。难道不能将声音更“正面”地运用在建筑上吗？就像田间用的驱鸟鸣笛，原本是用来威吓动物不准靠近的装置，后来变成了民俗文化的一环。仔细想想铃铃作响的风铃声，其实是由风这个自然因素转化成声音后，在空间里即兴演出而成的。这么一想就觉得相当有趣。

300 | 中午的家

中午，不是匆忙出门的一大早，也不是拖着满身疲惫的夜晚，而是置于两者之间的时间带。中午的家，会呈现怎样的气氛呢？下午、午休、午睡、午餐等，这些与中午相关的词汇，不知道为什么总让人联想到和缓放松的空间与慢慢度过的时间。关于中午的家，也让我们的大脑放松一下、慢慢地来思考吧！放松状态下也会产生令人赞叹的新的发现！

【实例】“日落闭馆”织田广喜美术馆／安藤忠雄

“日落闭馆”织田广喜美术馆

设计：安藤忠雄

这个美术馆位于滋贺县，以画家织田广喜的名言“有阳光就专心作画，太阳下山就休息”为宗旨，特别设计成日落闭馆的美术馆，也就是“太阳下山就休息”的美术馆。并模拟画家作画时的状态，将展示区的人工照明拿掉，改用天窗投射进来的自然光作为照明。

301 描绘周边形状的家

"描图"这个词的意义不限于平面描绘，立体描绘也包含其中。所谓立体描图，就是先把物体的外围轮廓读取出来，进行模型的创建。描图时的解析度很高的话，图形会真实地呈现；相反地，描图时的解析度很低的话，图形会呈现抽象。模型创建好了之后，剩下的就是在里面注入生活气息。当建筑的形体是因描绘周边形状而来，那建筑内部会发生什么事呢？运用描绘形状时的期待感去设计一个充满期待的家吧！

参考：MOBIIDEIKU建筑／宫胁檀

302 季节的家

所谓四季更迭，意味着四个季节各有各的特征。有许多以"春夏秋冬"为主题的歌曲或电影，那建筑呢？与其说我们在享受季节，不如说我们对于夏的炎热、冬的寒冷这种季节所带来的严格考验，更为在意。就像盛开到令人眼花缭乱的春樱、将整片山景染红的秋枫，建筑物可以随着季节的不同而换上不同颜色的外衣吗？可以先针对一个季节去考虑建筑的表现。

303 水滴的家

比起水流动时，水静止时的状态，更容易发现"水滴"之美。水滴，不是从外部将雨或水泼洒而成的状态，而是从内部慢慢渗透汇聚凝结而成的样子。滴滴答答落在水面上、引起涟漪的水滴，具有一种温柔的力量，这种形象要如何在建筑里转化、表现呢？另一方面，壁面渗水、漏水等与建筑物劣化息息相关的水滴，给人负面的印象。面对安静的、充满表情的水滴，我们该如何将它的温柔波纹广泛地运用在建筑中呢？

【实例】丰岛美术馆／西泽立卫

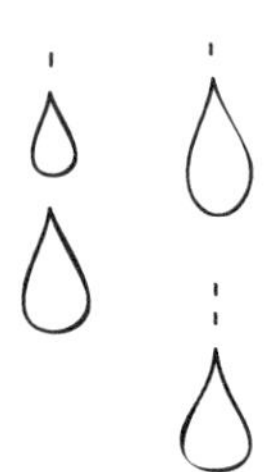

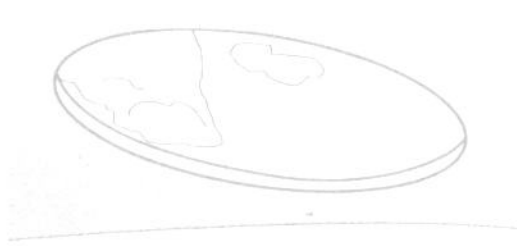

丰岛美术馆

设计：西泽立卫

在濑户内海海域零星散布着许多小岛，其中之一的丰岛上有一座模拟水滴外型、本身就是一个艺术品的丰岛美术馆。这座美术馆外型犹如一颗水滴，运用自由曲线创造出一个水平延伸后极度和缓的弧形空间，用厚度仅250mm的混凝土薄壳来呈现。

F

操作·动作
Operation, Behavior

304 | 看与被看的家

建筑里，同时存在着看与被看的关系：可能被邻居偷窥，可能空间里的人互相张望。刚刚还是被别人看的身份，也有可能一下子就变成看别人的角色。当空间里有两个以上的人存在时，这种看与被看的情况可以解释成人与人之间的互相在意，也可以说明空间的深度。另外人与东西之间看与被看的关系又是怎样呢？从"东西是被看"的角度出发，去思考：人与东西之间要用什么形式去构筑看与被看的关系呢？厘清这层关系后，就能决定空间的形式与建筑的关系。

参考：电影《后窗》（导演：希区柯克）

305 | 紧黏的家

如果看到建筑物紧紧黏贴在大地上，应该会有意想不到的趣事发生。实际上，建筑物并不只是轻放在大地上而是紧紧相黏到动都动不了的状态。像草皮、青苔或泥水工程用材料，这些庭园中会出现的东西也是紧黏于地面而成的。现在不管什么东西都用黏着剂来固定，紧黏的状况可说是到处可见。但以前的建筑，却只用组装的手法或结绳的方法就能将两个东西固定在一块。说到紧黏，会让我们联想到口香糖、黏土等日常用品，它们所呈现的表情相当丰富有趣。

306 | 裁切的家

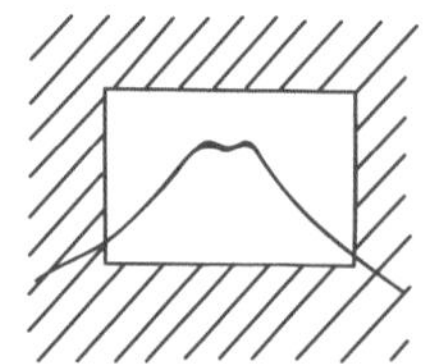

裁切，常见于绘画或摄影中，是用一个框将需要的景色切取出来的手法。不管是绘画还是摄影，透过切取之后能让东西的强弱关系更为显著：把不要的东西排除，让大家的目光停留在被限定、被强调的范围内。这虽是非常有力的手法，但若使用不当会沦为强迫推销。日本从以前就常运用"借景"手法，将外围景色引入到室内。这样的景色裁切，不仅可透过窗户，还可利用周围的树木、柱子、天花板、地板等建筑元素所围成的框，巧妙地进行裁切。

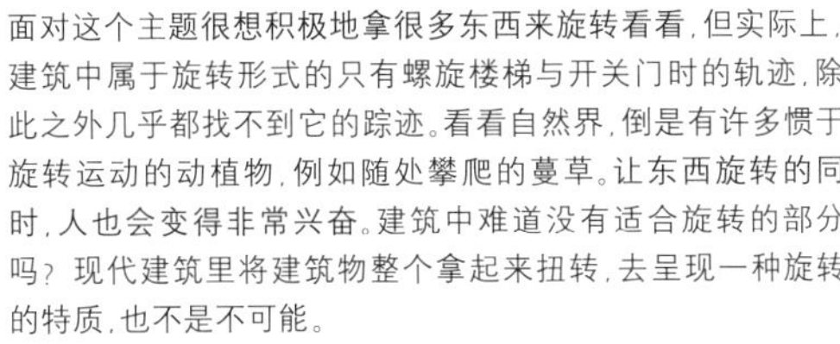

307 旋转的家

面对这个主题很想积极地拿很多东西来旋转看看，但实际上，建筑中属于旋转形式的只有螺旋楼梯与开关门时的轨迹，除此之外几乎都找不到它的踪迹。看看自然界，倒是有许多惯于旋转运动的动植物，例如随处攀爬的蔓草。让东西旋转的同时，人也会变得非常兴奋。建筑中难道没有适合旋转的部分吗？现代建筑里将建筑物整个拿起来扭转，去呈现一种旋转的特质，也不是不可能。

参考：八王子研讨中心长期馆／吉阪隆正

308 漂浮的家

时至今日，建筑物仍然无法像飞机一样靠自己的力量漂浮在半空中。但是，"如果建筑物能浮起来的话……"这类描绘未来都市蓝图的想法，古今中外可以发现好几个例子。漂浮，是摆脱了重力的束缚让建筑物不再受地面的制约。会漂浮的东西如同云朵一样，给人充满梦想的感觉。如果把船看作是"漂浮在水与空气之间"，那么建筑应该就是"漂浮在地面与空气之间"了。

参考：萨夫伊别墅／勒·柯布西耶(Le Corbusier)

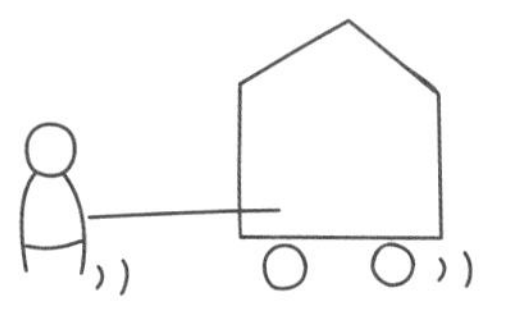

309 会动的家

一般来说，建筑物是不会动的。虽然也有"可移动式组合屋"这种会移动的建筑，但移动大都在万不得已下才发生。会旋转的高楼景观餐厅，也算是会动的建筑的另一种表现。在此我们想特别强调的，是希望透过研究将各种东西都拿来移动后，再重新配置。最终的成果虽然是静止不动的，但描绘建筑的过程中让所有元素在空间中自由移动。在这个过程中去观察每种移动会产生什么变化，这是建筑研究中最困难也是最深奥的课题。

【实例】行走的都市／建筑电讯学派(Archigram)

行走的都市

设计：建筑电讯学派(Archigram)

这个设计从"会动的建筑·都市"想法出发，打破我们对都市的既有概念，去描绘出崭新的、充满幻想的未来都市蓝图。这个都市又被称为是"行走的都市"。像巨大的机器人一样，有着两栖动物般可自由伸缩的脚，靠着脚来移动，不再受土地束缚。

310 | 守护的家

建筑扮演着从外部守护人类的重要角色。因此，建筑必须是非常可靠的，必须排除风、雨、光、热、湿气、动物等种种外在因素的影响，来保护住在里面的人。在非常危险、严峻的环境里，建筑物为了完成守护的责任会变的坚固且封闭，例如许多要塞建筑；但在比较安全的环境里，建筑就会呈现自由、开放的氛围。守备警戒的界线在哪？这是一个关键问题。过于守护戒备的家，会让人看起来就不舒服。如何从中取得平衡考验着设计者的技巧。

311 | 储存的家

将东西囤积起来，是人类常有的行为之一。将糖果装进袋子里、将钱存进存钱罐里，这些行为就是储存。建筑里也有类似的行为。在进行建筑规划时，设计者会被要求把几个房间塞进这个建筑容器里。当然要做的不只是塞进去而已，还要将房间的顺序、位置安排好才行。这个动作，就像人们有计划地填塞东西一样。如果建筑里填塞的东西太多，也可能多到满出来，这又会形成另一种建筑的个性。

近义词：填塞

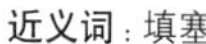

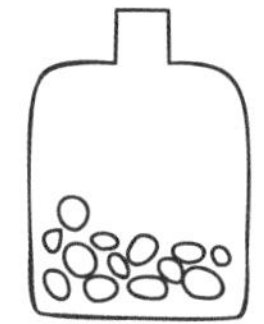

312 | 分割的家

建筑，就像从大的单一个体分割出来形成数个小的个体，呈现出适当的规模感。这个过程中，去计算“应该分割成几个才好”也是建筑计划中经常面对的议题。除法出现在许多建筑计算之中，有些计算是用面积为分母，有些则是用两柱间距、楼梯级高为分母，来计算建筑结构的部分尺寸。也有“材料分割”这样的做法：分割砖头、分割玻璃、分割木柴。东西分割后所产生的表情令人玩味。

【实例】双烟囱别墅／犬吠工房（Atelier Bow-Wow）

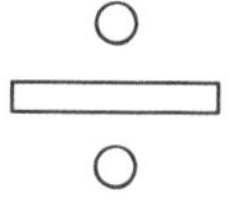

双烟囱别墅

设计：犬吠工房（Atelier Bow-Wow）

这是建于轻井泽杂木林中的别墅。为了避开基地中央既有的树木，建筑物像被切成两半一样，两边的三角形立面彼此对称。相对于外墙全部涂成黑色，面对树木所在的基地中央的那一面特地用木质纹理来表现，仿佛建筑物真的被人从中剖开一样。建筑立面由钢骨柱与桁架结构所组成，对外开口很大也不成问题。

313　乘法的家

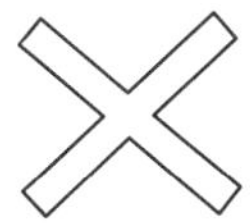

乘法，常用在面积与体积运算。面积，是建筑计划中，在一定条件限定下所计算出足以影响全体的重要因素。另外材料的报价、混凝土等的体积预测，也不能没有乘法。从建筑计划到施工作业，这一连串的过程中乘法扮演着重要的计算角色。东西与东西相乘，就像遗传基因与遗传基因之间互相配对一样，原本什么也不是的个体，透过相乘创造出新的价值。为了创造出脱胎换骨的效果，可以试试将东西相乘。

314　加法的家

相加，代表着东西与东西紧贴在一起，也代表着额外追加的意义。在建筑中，有关“加法”的问题常常是：只要再加一点什么，就会让整体效果变得更好。例如，只要再加一个时尚的单椅，就能让空间气氛马上变美好。但必须注意，屋主对于新房的要求如同“满汉全席”，为了要满足这种种需求，而不断地加这个功能、加那个细节会让建筑物变得什么都不是。面对“满汉全席”的要求，适时地端出调整味觉的“梅干小菜”相当重要。

315　减法的家

减法，就像整理不要的东西一样。当我们把这边、那边不需要的空间全部去掉，整体空间就会变得利落而清爽。这就是所谓的“空间最小化”手法，透过减去让这样的抽象概念空间能确实存在。进行建筑设计时，最后能将多少不需要的空间删除考验着设计者的技术。想有效率地进行减去作业，须要先帮所有东西依重要性排序，减掉太多也不见得好。工程预算的检讨，当然也可以运用删除法，让效率更高。建筑外形的设计上也可以运用删除法，从大的体量减掉不要的体量而成。通过减法让平面的、立体的空间与场域成形。

【实例】波多音乐厅／大都会建筑事务所(OMA)

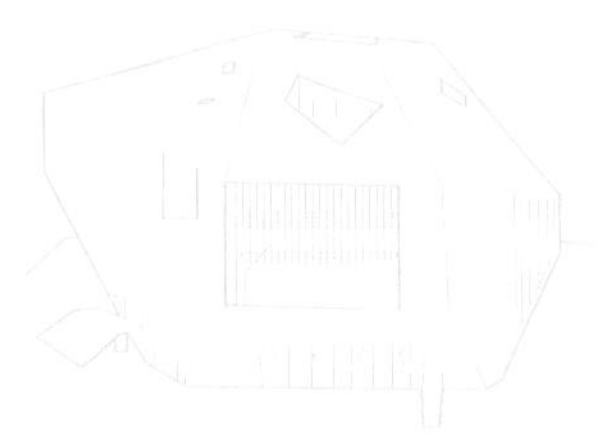

波多音乐厅

设计：大都会建筑事务所(OMA)

这是从葡萄牙波多市“欧洲文化首都计划竞图案”中脱颖而出的作品。以可容纳1 300人的大音乐厅为主，还有几个小音乐厅与工作室。建筑物像是由一个巨大的白色体量挖空后形成，再透过重复地减去不需要的空间演变成这种独具魅力的多角形块体。建筑外观呈现简洁的白色，而内部却运用多种材质来丰富呈现。

316 | 重叠的家

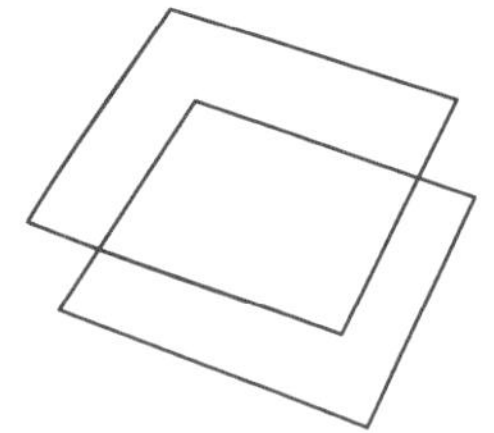

重叠会产生许多效果：深度感增加、对面景色变得柔和等。如果是有颜色的两层东西重叠后颜色会变深混合成另一种颜色。搭盖房子时，墙壁与地板就是从结构部分开始，由内往外层层敷上材料，最后再做表面美化。经由层层叠加，东西不再只是一个面而变成了一个体量。"借景"手法，就是借由背景与前面建筑物或庭院的重叠，所产生别具意义的风景。从事建筑设计就是为了符合许多被设定的条件，这些条件互相重叠后，决定了全体的设计走向。就像每一层条件都有其色彩、浓淡，当它们重叠后就能看清整体需求的全貌。

317 | 分裂的家

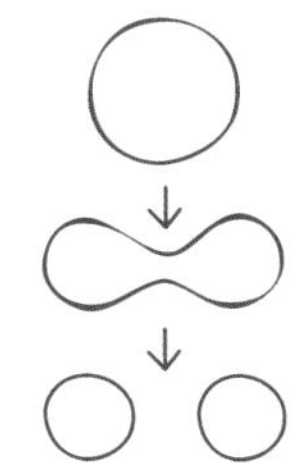

一个东西被剥离成两块，就是分裂。细胞的分裂正以这种方式存在着，那建筑呢？"分裂"这个词常用于否定的语句里，像"关系分裂"就是原本良好的关系被破坏后，产生分裂的状况。在建筑空间里，有许多搭配良好的东西互相存在着，假设把这些东西故意分裂开来，会发生什么情况呢？

近义词：分割

318 | 倾斜的家

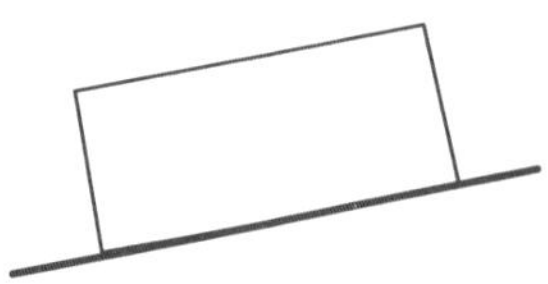

建筑物通常是直直往上搭建的。这样的建筑中，会遇到的倾斜面应该只有屋顶部分。一般来说，如果没有必要倾斜就不会选择倾斜。当然也有功能上必须倾斜的情况，但是现代建筑中，没必要倾斜的部分也故意设计成倾斜，故意破坏空间的安定感，让空间更富变化、更具有刺激感。是要选择稍微倾斜呢，还是选择剧烈倾斜呢？它们呈现出的意义相当不同。

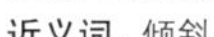

近义词：倾斜

319 | 区分的家

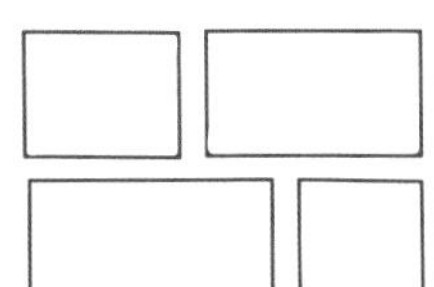

将事情分开来考虑看看。虽然整体来思考、综和来评判的情况不少，但这会让事情变得更复杂、更困难。这个时候不妨将事情分开来思考，最后再将每一部分整合起来。随着人们经验的积累，可以同时将很多事情用多种角度去检讨，但一开始，最好还是乖乖地选择“分类思考、整合检讨”这种绕远路的方法。另外对别人说明事情的原委时，先将内容区分好再说会让人更容易了解。就像在准备料理食材一样，努力用心地将食物分类洗切相当重要。

320 | 停止的家

在绘制建筑草图时，往往熬了老半天也画不出个所以然，这个时候，“停下来不要再钻死胡同了”也许是更好的解决方法。有些事情，并不是继续进行好，就会变好。回头的勇气、停止的勇气，有时候是必要的。另外当事物朝着某个方向进行，如果突然发生事前没预期到的情况，即使前方有路可行，最好还是暂时停下来，去重新检视这个情况是怎么回事。许多绘画与音乐作品，原本是未完成品，在作者停下来重新思考后才得以完成。

321 | 复制的家

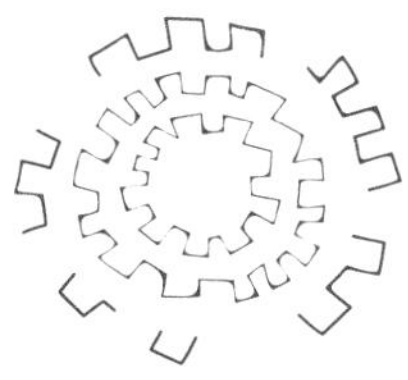

复制是“遵循着某个规则去增加”的意思。好好将规则订好，东西就会顺利增加。不只限于建筑方面的复制状况，去观察所有东西复制后的表现，将会非常有趣。建筑在都市中被复制，复制后呈现的风景，有些非常具有魅力，有些则不太成功。虽然复制后的复数建筑无法超越单一建筑的优点，但还是要小心地处理它们所形成的整体风貌。当建筑物继续复制下去，可能会因平衡感破坏而变得很糟，这时适时地刹车变得很重要。

【实例】中银胶囊大楼／黑川纪章

中银胶囊大楼

设计：黑川纪章

这个位于银座的胶囊型集合住宅，建于1972年。建筑物由地上11层(一部分为13层)、地下1层构成。建筑外观上，由无数个被复制的“胶囊”单位堆积而成，每一个单位都是一个独立的房间。原本技术上的设想是希望这些单位可以根据使用者的需求自由增减，可惜从来没有真正实现过。

322 防御的家

建筑物，具有保护人类不受外在环境侵袭的使命。若将景色视为建筑的一部分，那么建筑也同时肩负着“保护景观”的责任。建筑设计者，也身陷在“需求防御战”之中。面对客户各式各样的需求，如果照单全收的话必定会让重点失焦，这时设计者应该冷静地去思考：这些多余的需求会不会排挤掉原本设计上所产生的亮点呢？为了要保留住这个亮点，“需求防御战”可以说是一种不得不采取的手段之一。比起面面俱到的建筑，一个具有值得被保有的亮点的建筑看起来更吸引人！

323 跨越的家

不只设计的时候，许多时候我们都遇到“撞墙期”。问题越复杂，那堵墙越大。在这里我们不是要谈“跨过墙壁”的问题，而是要谈谈别的。当事物被定义时，它会自然形成一个守备范围，这个范围会用一个类似墙的东西来区隔，因此会引发我们去思考：“稍微越过这个范围，会发生什么事？”。超越得太过，危险将伴随而来，当然，飞跃性的进步也可能发生。所以先让我们去厘清：哪里是墙壁？要如何有效地跨越墙壁？为什么目前为止，大家都选择不跨过那道墙？

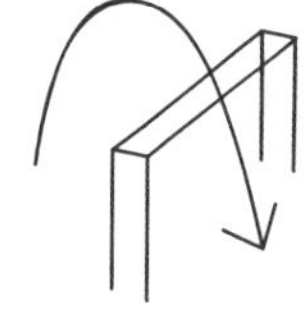

324 做表面的家

做表面，说难听一点，就是一种掩人耳目的做法。建筑偶尔也需要做做表面。用细长的材料缠绕在建筑上，建筑会呈现出纤细的氛围；用厚重的材料，则显得建筑很有分量；大量使用附近没有的大理石，则让建筑如同一块大岩石般存在。让我们用各种角度来解读“做表面”这种手法吧！另外应该要认真地针对“做表面”的优点与缺点，好好议论一番。当思考建筑或街景的呈现方式时，不能忽略它们的“表面功夫”。

325 分配的家

分配东西的时候，虽然只分一次，却会因分法的不同而产生各种有趣的结果。就像把发线作三七分一样，东西会随着分配方式的不同显现出它的特征，并与周遭环境更为调和。让我们从建筑里的分配开始着手：要分成几个房间？要用什么方法来分？即使在条件一样的情况下，仍然会产生大异其趣的结果。相反地还有一种做法，就是完全不分，让空间没有任何隔间。

近义词：划分，分割，分节

326 打架的家

建筑用语中，有"分出胜负"这样的概念。这个词常用于建筑材料嵌合时，是右边的材料"胜出"，还是左边的材料"胜出"？这类状况下，所有材料有其胜负之分，因而产生了规则。材料之间搭配不好的话，会发生如打架一样的情况，打架虽然是不好的，但原本和平共处的材料透过"打架"，可以让我们发现可能出现问题的缺口。

327 反复的家

反复的东西本身具有特别的意义。与其说：反复的东西具有特殊意义，不如说："反复"这个事实本身，具有强烈的含义。反复与"复制"这个词有关，会产生某种紧张感与韵律感。像高楼大厦这样的建筑，规模越大就越容易出现反复性。由于建筑是由各种材料所组成，同样的材料也可能多次重复出现。例如建筑毛坯与表面美化的做法，大都以同样的间隔反复配置；或集合住宅或饭店，同样的房间也会重复呈现。

近义词：重复

【实例】电通总部大楼／大林组、让·努维尔（Jean Nouvel）

电通总部大楼

设计：大林组、让·努维尔（Jean Nouvel）

这座48层办公大楼，位于东京汐留。高耸的大楼外墙，由长格子反复呈现所构成，整个外观给人非常柔和的印象。外墙玻璃上运用特殊的印刷技术，将玻璃内层的钢板的金属感完全去除。并运用层层堆叠所呈现的反复效果，创造出一个弧线完美、气质柔和的建筑外观。

328 兼备的家

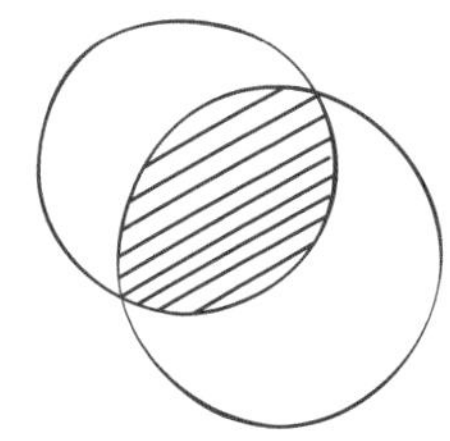

就像同时具有汤匙功能与叉子功能的餐具，这种同时兼备多种功能的设计，相当值得玩味。实际上，餐桌处具备书房功能、椅子具备垫脚梯台功能的住宅设计也很常见。这类“多功能兼备”的设计，让生活空间被简化了。特别是小面积的家，复合机能的设计可以解决先天上的不足。例如将楼梯设计成可以坐下来休息的空间、将外部空间设计成室内空间的延续等，这类的例子不胜枚举。试着从各种东西彼此相连的角度入手，说不定可以找到能统整全体设计的答案。

近义词：复合

329 接触的家

人类用触觉去感知建筑的每一个细节。往往接触东西的瞬间，才开始了解这个东西：它的软硬度、温度与触感。生活中我们手会触摸到的地方也是建筑中比较特别的部分，像扶手与把手就是。另外，对于材质不了解的时候，实际摸摸看，就会更加了解。材质的好与坏，不单是用头脑去判断，而是用手去感知。

330 连接的家

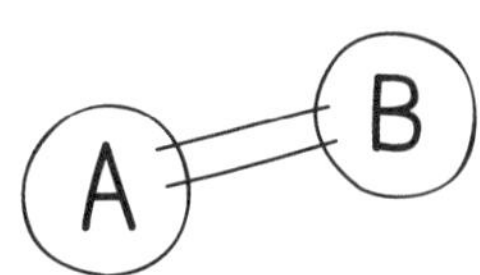

这里所说的连接，希望从“物理连接”的角度来看。当考虑两个东西的配置时，可以将这两个东西“物理连接”试试。物理连接后，当一方向外移动的话，另一方会被拉着走；当一方接近另一方的话，连接线变得松弛。随着相连东西的种类不同，其动作与关系也跟着不同。用什么，以怎样的形式，彼此要如何相连接……将这种种问题堆在一块儿思考，应该会相当有趣。

近义词：连接

331 回转的家

将东西回转看看。倒着来看也行。或许会有不同的看法。有个笑话就这样说："模型倒着来看的话，才是好东西"。建筑的零件里，有不少会动的东西，其中会回转的，就属门片最能代表。在大楼顶层设置回转餐厅，这个餐厅空间本身，会自己慢慢地转。看看建筑的周围，也存在着其他会回转的东西。由于地球绕着太阳回转，再加上地球本身自我回转，造就了阳光移动、变换，而产生了四季景象。

332 穿透的家

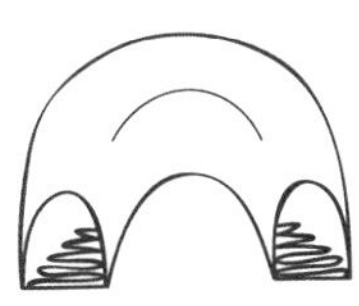

如果想让空间有一幕幕空间场景依序从眼前飞过的效果可以试着去设置一个"穿透"的空间。"穿透"在语意上，给人非常开放的印象，是一个可以更积极去发挥的建筑主题。就像穿过隧道一样，开一条路来穿过建筑物，应该很有趣才是。视线可以毫无阻碍从一个空间穿透过另一个空间。去解读穿透，将会有有趣的发现。当思考阻滞不前时，在思绪里面挖出一条穿透的路会让我们豁然开朗。

333 错开的家

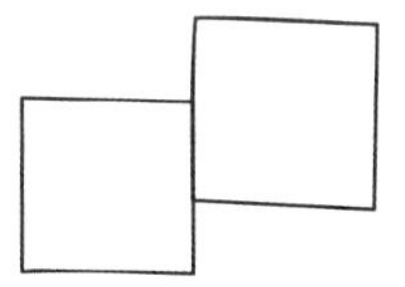

错开，意指"原本应该整齐排好的东西，因为某种原因而秩序滑动"。"错开"发生的话，至今没见过的间隙会出现，空间因而产生了方向性。自然万物如果太整齐排列的话，就不自然了。大部分的东西，多少都有"错开"的情况产生。错开情况的大小，给人的感觉会相当不同。从小小的错开到巨大的错置位移，表情各有不同。让我们去比较一下它们的不同吧！

【实例】西雅图公共图书馆／大都会建筑事务所（OMA）

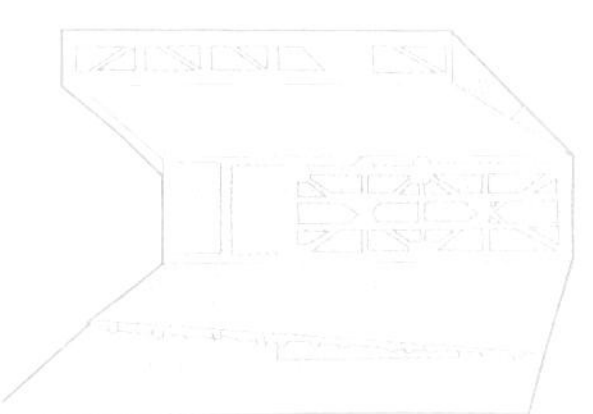

西雅图公共图书馆

设计：大都会建筑事务所（OMA）

这个公共图书馆位于美国西雅图的市中心。建筑的每个楼层彼此错开，堆叠而上，最后再用一个大网子将整个建筑覆盖。每个楼层的错开通过外墙的大斜面来呈现，这种斜面给人特技效果般的动态感。

334 | 碰触的家

原本彼此不相碰触的两个东西，碰触后会发生什么事呢？什么东西彼此会相碰？两个完全无关不相碰的东西，将它们的串联在一起，会不会有新的发现？碰在一起的状况有很多：有的是紧邻的状况，算是轻碰；有的则是透过黏着剂或魔术胶等工具，紧密地黏合在一起。构成建筑的每个构造，都存在着彼此碰触的关系。从建筑的构造层级，来审视材料与材料之间的贴合关系吧！

335 | 分割的家

建筑时决定了隔间该怎么隔之后，就进入房间的分割作业。这不是纸上作业的除法计算，而是将实际看到的东西与形体，确实地进行分割。把石头从高的地方扔下时，会产生破碎后的切割面；用斧头劈木头时，也会产生切割面。加诸外力而使材料分割的例子很多。它所产生的材料切割面，让材料特性表露无遗。另一方面，乍看之下不可能被切割开的东西，实际被割开后将会让人有崭新的发现。

近义词：分裂

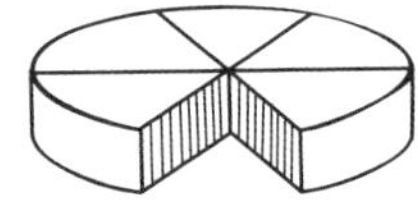

336 | 劣化的家

材料会因紫外线与结冻等各种因素，而产生劣化。劣化时，会有裂痕产生，东西形体随之破坏。让我们看看劣化进行时所产生的图案：裂痕是以怎样的规则成形的？要加上怎样的手段，才能产生特定样貌的裂痕？去思考这些问题或将裂痕细分，来分析每一块局部裂痕的形状。另外，劣化所产生的缝隙有什么特征？缝隙会引发什么情况？缝隙里会生小小的杂草、会生青苔，缝隙也可能成为建筑外墙的形式之一。可以用很多角度来解读缝隙。

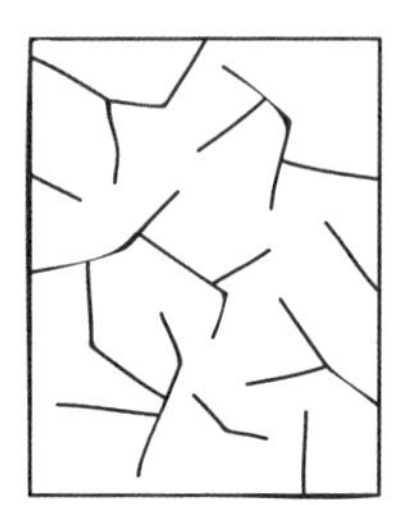

337 | 摄影的家

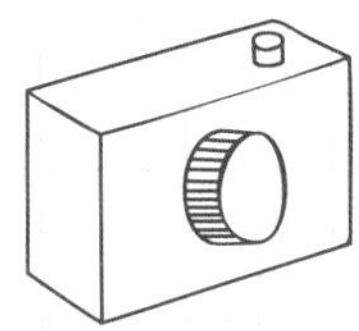

为了记录下什么，为了传递给对方一种形象，于是摄影不可取代地存在着。如果想要同时将建筑的外观与内在用一张相片来捕捉的话，会完全失真。摄影是强调局部的。然而现在摄影是唯一能记录空间的平面手法，所以我们必须了解摄影的特性、透视图的特性。另外随着调整被拍场景的深度，摄影者可自由选择要将空间中的什么东西作为焦点。对摄影的理解将有助于建筑空间方面的表现，当然也有助于时间推移的观察、人与空间关系的捕捉。

338 | 缺口的家

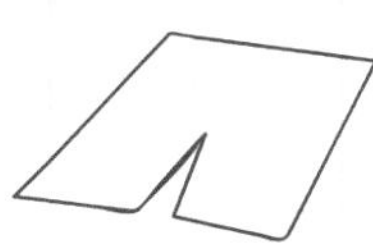

用剪刀在纸上剪一下，会出现一个缺口。这么一来，原本一个完整的面会变成树枝般裂成两半。缺口的呈现有些像剪纸工艺般，非常花巧思；有些则是将暂时成形的缺口堵住，重新把缺口缝合。缺口被应用在建筑以外的其他许多地方，而直接应用在建筑上的例子，可以想到的有：在钢板上割出一个缺口、在墙壁上划出一条缺口等。

339 | 包覆的家

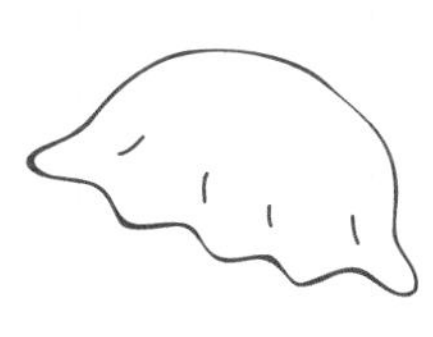

裹着面衣的东西，外型暧昧，散发着柔和的气质，让人想知道里面到底包着什么。它有可能是坚硬的东西被柔软的东西包覆着，也有可能是柔软的东西被坚硬的东西围裹着。试着将各式各样的东西包起来，并花一些巧思在包法上，将会让东西产生更丰富的表情。像烧卖或饺子一样，食物中运用包覆手法的实例不胜枚举，在其他的类别上也见过。例如衣服，可以说是用来包覆身体的东西；建筑，可以看成是将空间包覆起来的物体。

近义词：盖上、覆上

【实例】蒙古包

蒙古包

这个中国人称为“包”的东西呈现圆锥形，有一个圆屋顶，是蒙古游牧民族所居住的组合式移动住宅。真正蒙古话的家，念作“GERU”。蒙古包是为了支持游牧生活、应对严酷气候所发明的易于设营与搬运的简易住宅构造。它被内层布、外层布这种双层布包覆，仿佛家穿上了两层衣服一样非常特别。

340 | 穿过的家

有洞的话可以试着穿过看看。如果不能穿过去，试着让它变得可以穿过去。穿过走廊、穿过建筑、穿过马路，这种种穿过的场景所产生的行为，总的来说，都是“线性的动线——从某个洞或间隙穿越到对面去”的行为。其中“穿过马路”这种表现方式，不存在着“通透到对面去的洞”。将目前为止可以穿过的东西让它变得穿不过，这将有助于观察“穿过”本质上的意义。

341 | 挖掘的家

“挖掘”这个行为与建筑的关系特别深。开始盖房子的时候，要先弄土。为了做好地基基础或盖个地下室，就必须挖掘地面，这个挖地工程，可以完全仰赖人工也可以用重机来完成。甚至有些房子，完全盖在地底下。不管是向下挖变成“地穴式住宅”，还是向侧边挖变成“壁穴式住宅”，都是善用土地风情的建筑方式。挖掘的日文发音“HORU”，同时也是“雕刻”的日文发音。雕刻与挖掘都是对块状物体进行“删减”的操作手法。

近义词：删减

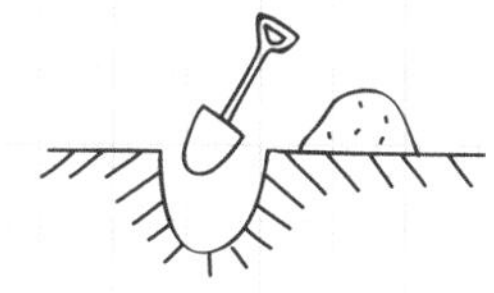

342 | 缝纫的家

将两块布拉紧对齐时，透过“缝纫”这个行为，将这两个不同的东西接合在一起。在布这种面状的东西上，扎出洞后开始穿针引线，让线在两头来回穿梭，这就是“缝纫”。它是将两个面接合的方法之一。手术上会用“缝了几针”来说明伤口大小。滑雪比赛时，穿越重重障碍物左右交织向前进行的方式，也是一种“缝”的表现。

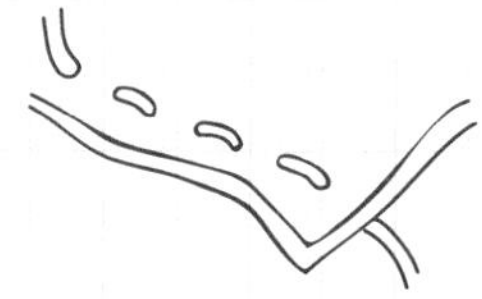

343 | 压榨的家

压榨，用于建筑表现上，其意义接近“整形瘦身”。经过“整形瘦身”东西会产生种种副作用：整体变得简单、性能变得有问题。但通过“整形瘦身”，东西变得精简而洗练的例子也不少。压榨带来最重要的效果，应该是“松与紧”的戏剧张力吧！被压榨的地方，呈现让人透不过气的局促感；而没被挤压的地方，则提供了稍微宽敞的喘息空间。哪里该被压榨？是整体的轮廓呢，还是里面的机能呢？试着动动手来“整形瘦身”一番吧！

344 | 搅拌的家

试着搅拌一下！排列整齐的东西，一经搅拌，将会变得混沌、没秩序。建筑或都市的魅力，不光只存在于秩序井然的排列当中，事实上很多是存在于混沌的景象之中的。就像打一杯综合果汁一样，选择适当的搅拌速度，会让材料的原味彰显、让果汁更加美味。过度的搅拌会让所有东西走向均质化，而丧失了材料原本的个性。怎样搅拌才能既保有材料的原味，又能创造出新的美味？针对搅拌的程度所产生的效果，值得研究一下。

345 | 缠卷的家

“包覆”是用面状物，将东西从所有方向一口气整个包住；相对于此，“缠卷”是用面状或线状物，将东西从单一方向慢慢地绕圈而包住的手法。布匹这种薄而长的东西就是用缠卷的方式来收纳的。食物中的寿司卷，也是用这种方式制作出来的。卷状物也常见于建筑之中：例如卷起的钢板、卷起的墙壁等。要把线状的东西卷好，中间大多要依附一个筒状物或块状物，但中间什么都没有、只有空气的情况也是可以卷的。

【实例】卡迪夫湾歌剧院／大都会建筑事务所（OMA）

卡迪夫湾歌剧院

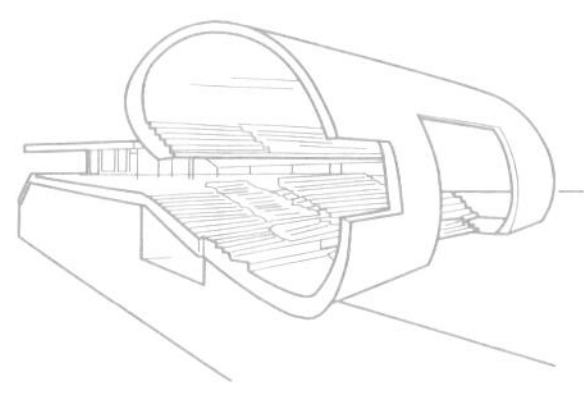

设计：大都会建筑事务所（OMA）

这个1994年在卡迪夫湾岸举行的国际竞图案，OMA当时提出了这个设计：将地板、墙壁、天花板这三个建筑重要元素，全都用一片卷起来的钢板来呈现，展现天、地、壁彼此相连。提案时大都用建筑剖面来说明，它的剖面呈现出曲线的有机感，并完美地展现卷成一圈的建筑的特征。这个竞图案最后由建筑师札哈·哈迪胜出。因为OMA设计的这个案子搭建起来过于困难，很难实现。

346 | 换气的家

要让室内换气的效果更好，不只要依赖换气风扇，创造一个通风良好的室内空间更为重要。在进风处与出风处设置开口：在低的地方开一个进风口、在高的地方设一个出风口，通过高低差所产生的压力差让室内自然而然产生风。为什么一定要换气呢？人类生活中产生的空气污染、二氧化碳浓度过高、甚至是潮湿发霉、墙壁渗水等问题，都需要通风换气的环境才能解决。

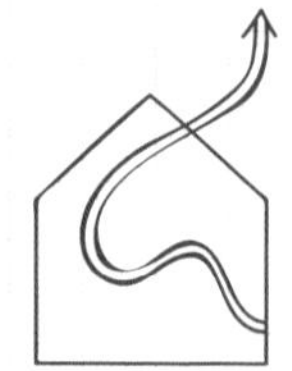

347 | 裂开的家

蔬菜、起司等东西，其内部纤维具有方向性，所以会有"裂开"现象。木材等东西也会因表面干燥而收缩，产生自然的裂痕。裂开，表现方式有龟裂、分裂、破裂等，意味着分开后很难恢复原状的一种状态。乍看之下，"裂开"是一种很难运用于设计上的手法，但像竹制工艺般，将材料顺着纤维割开后会变身成各式各样的艺术品。让我们去想想：东西裂开后，可以变身成怎样的设计或组合作品呢？

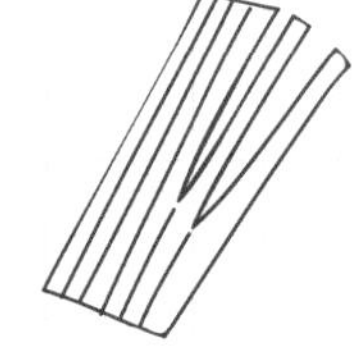

348 | 拆解的家

这种经验大家都有过：将一块布，沿着线头拆开，这一块布的形貌就不复存在。拆解，就是将原本编好的、缝好的、织好的东西给拆掉。这种拆解的行为，是编织的逆向思考，可以成为设计表现的一种吗？建筑往往让人想到编织、缝合这种"建设性"的行为。像拆解就被视为是未来某一天一定会发生的"破坏性"行为。真的是这样吗？这个道理适用于建筑整体计划吗？适用于建筑部分构造吗？让我们对此再重新思考、验证一下，用拆解再度构筑出建筑的轮廓来。

349 | 构造的家

构造与建筑，有着切也切不断的关系纵观整个建筑史，由于许多人的技术、努力、智慧与挑战的累积，才有今天各式各样的构造表现。构造可以隐藏起来，也可以故意显露出来。构造可以看起来强而有力，也可以看起来轻盈、穿透而开放，是非常深的一门学问。就像考虑到人的流动动线一样，去考虑力的流动动线，让构造与重力来一次新鲜的对决吧！

350 | 埋住的家

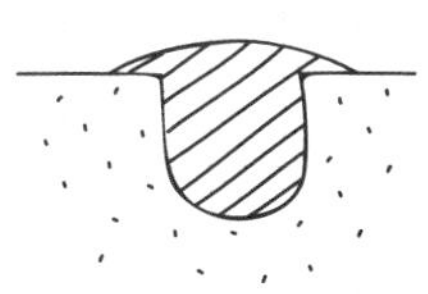

将缝隙填住、将洞穴埋住。"埋"这个行为，具有"将不要的洞穴修复"的形象，也暗指"某种东西被藏起来"。"埋设"这个词，是常见的建筑用语。在混凝土中埋设钢筋、在墙壁中埋设许多管线类的东西。另外，随着要埋设的材料的不同，其性能与外在的美化需求也随之改变。为什么要将某些东西埋起来呢？"埋"的使用范围很广，让我们通过实际的行动，来探究各种"埋"的方式吧！

351 | 一笔成形的家

一笔成形，意指"只要用一条线，就可以画出一个图"乍看之下，这与建筑好像完全搭不上边，但从建筑空间的动线性来思考，有没有可能"只要用一条线，就可以把所有空间串连起来"呢？制图的时候，用一条线把整张图画出来，这个图面将会怎样？乍看好像是没有意义的训练，但慢慢地你会发现：随着你所画线的来回游移，空间渐渐成形，这都是从一条线一气呵成所表现的，相当有趣。

【实例】安中环境艺术研讨会 竞图案／藤本壮介

安中环境艺术研讨会 竞图案

设计：藤本壮介

这个多目的设施的竞图案以环境为主题，要求以绿树环绕的自然环境为背景，来规划设施。在此原则下，藤本所提的这个案是以一笔成形的自由曲线平面，往上形成了曲形墙壁立面，和缓地围出一个中间没有任何隔间的空间。在自然环境中一笔成形地画出顺势弯曲的内外区隔线，呈现了自由简约的特质。

352 | 擦干的家

大家都遇到过这种情况：把某个东西打翻后，急着把它擦干。如果太晚才擦，液体的痕迹会残留下来。绘画技巧中，也有一种与其类似的"擦拭"技法：将颜料涂在纸上，等到半干的时候用布将它来回擦拭，擦拭后产生的痕迹具有粗犷的风味。把曾经涂好、贴好的东西给刮下来、剥下来，这种光景，是不是也算是建筑的一部分呢？

353 | 转圈的家

转的方法有两种，一种向右转，一种向左转。仔细观察植物会发现，有些植物会绕着某个固定的方向转。回转运动，往往都具有某个方向性。建筑里的回转楼梯也一样，有向左转与向右转这两种。顺便一提，像中元祭典舞，大家围着广场边绕边跳遵循着一个方向转。所有的回转，都是朝着哪个方向在转的呢？当建筑物盖好之后，人会自然地绕着建筑周围散步，这样绕着走竟会让人感到很幸福！

354 | 集中的家

当房子集中就变成聚落，村庄与街道也随之形成。随着集中方式的不同，也可能会产生独特气氛的街道。在狭小的地方，建筑物会以相当密集的程度集中在一起；而在宽广的地方，由于距离拉开，建筑物与其说是"集中"，不如说是"分散各处"集中形成的集团的大小要如何衡量？这与点与点之间的移动手段大大相关。两点之间是走路就可以到的距离还是开车可以到的距离，这有很大的差异。另外，可以将建筑解读为"房间的集中之处"。

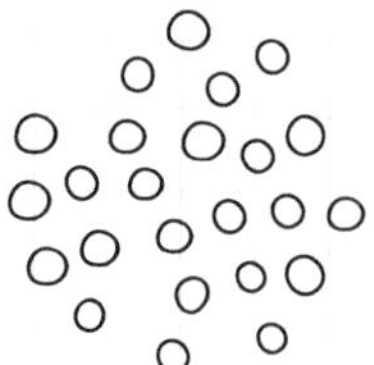

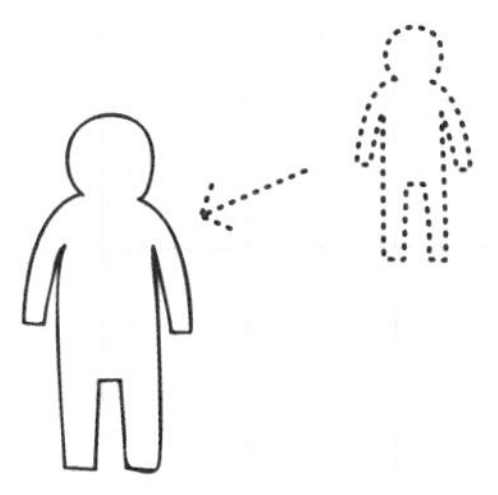

355 | 瞬间移动的家

说到“瞬间移动”，很可能会听到“这不是在说科幻片吧”这样的意见。其实，建筑中存在着类似“瞬间移动”的状况。让我们想想电梯、手扶梯、电动步道所创造的体验。电梯，将原本不连续的空间，通过电梯箱子的上下移动把空间连接了起来。手扶梯，把对人类来说很难解决的高度问题克服，创造出“瞬间移动”的场景。这些装置，通过让人“瞬间移动”戏剧性地把许多问题给解决了。

参考：电梯、手扶梯、电动步道

356 | 要塞的家

建筑之中有像“要塞”的建筑，这样的建筑为了保护里面的人的人身安全，会把外墙盖得无比坚固，仅开几个必要的小开口。如果外敌接近，可以在里面瞄准敌人、进行攻击。这样的建筑，可以轻易地掌握外在环境、对手位置等信息，呈现出一种独特的样貌。有些要塞建筑，甚至还可以将自身的存在感隐藏起来，逃过敌人的注意。过去战争时期所搭盖的要塞建筑，现在大多都成了废墟，但不可否认它们曾有过的独特魅力。

参考：防卫建筑

357 | 串起的家

像鸡肉串或关东煮这样，用竹签将东西串成一串的食物很多。这些乍看之下毫无关系的东西被串在一起后，与其他东西相邻而接，形成一个有个性的形式。将食物分开来享用，味道应该也是一样的，但串在一起享用，好像更能引发人想吃的欲望。线性地将东西配置，是“串形”的特征，也是让东西调和的手法。试着将不同东西串在一起，说不定会发现意外的组合！

【实例】东京工业大学百年纪念馆 / 筱原一男

东京工业大学百年纪念馆

设计：筱原一男

为了庆祝大学创校100年，特别搭盖了这个具有特殊意义的纪念馆，馆内规划有会议室、餐饮休憩室等。建筑外观呈现几何学形式的组合，建筑主体是一个方形体量，其上横过一条半圆柱体，整体看起来像半圆柱竹签串过建筑本身一样，非常特别。设计者筱原一男先生的作品长期于馆内的某一空间展示。

358 | 转印的家

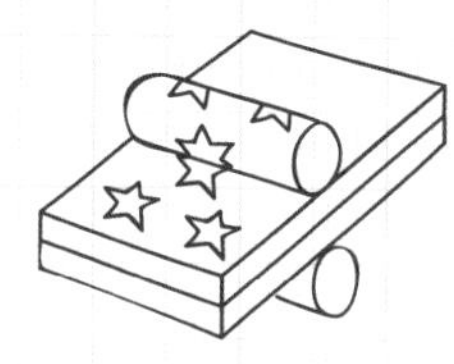

转印，就像在岩石上放一张纸，在纸上用铅笔涂黑时，会印出下面岩石的肌理。转印的原理，就像印刷的制作原理一样。这样的转印行为，在建筑上是一种不可或缺的操作手法。建筑时，去模仿，去参考某个东西好的一面，用不断地重复着“转印”手法，去创造更好的风景。甚至可能产生只有转印才能创造的风格统一，别具未来感的风景。

近义词：复制

359 | 塑形的家

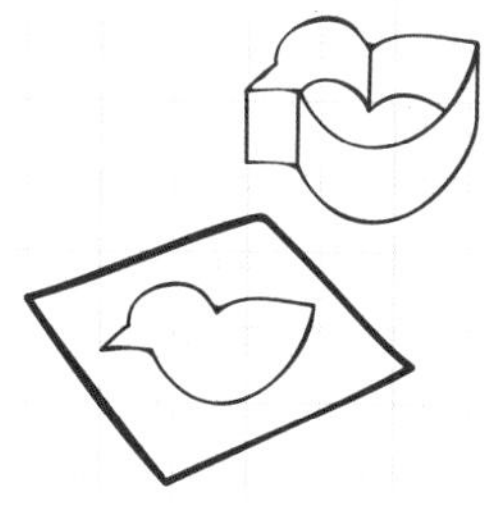

想要“塑形”，可以用某个模子压在材料上面，也可以将材料倒进模子里，等材料硬了之后再脱模。拿混凝土建筑为例，应该就比较好联想、这样的塑形方法，有些只能作一次；有些需要反复着塑形的过程，才能成功。另外，压模塑形的时候，除了切出的东西具有造型外，被切的材料也残留下反转的造型。用铝制模型切出造型，也是塑形手法的一种。

360 | 流动的家

流动是在搭盖地板等处时常用的重要手法之一。为了要清扫瓷砖地板，会在地板上冲水。进行屋顶防水工程时，会在屋顶上倒沥青。就像将混凝土倒入模子里一样，将液体倒入使其凝固的手法，是建筑中常见的施工手法。另外，厨房空间有出水排水设备，厕所空间也有出水排水设备，对于生活上不能缺少水的人来说，“流动”是一个随时会遇到的课题。

361 | 诞生的家

建筑物并不是一开始就存在于世上。随着时代变迁，人类不停地创造更新的建筑。建筑被破坏后，在同一个地方盖出另一个新的建筑。新诞生的建筑闪耀着新的光辉，但随着时间增长也会渐渐褪色。有些建筑经过时间洗礼，会渐渐与周遭环境融为一体散发出时光沉淀后的光辉。刚盖好的建筑，具有一种特别的存在感，建筑物诞生的瞬间我们必须绷紧神经，小心应对。

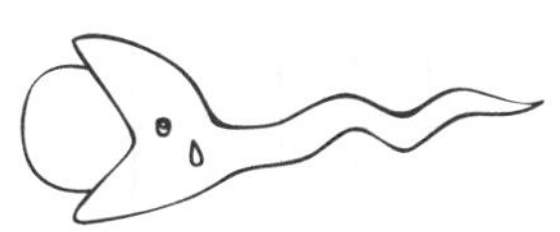

362 | 吞噬的家

一个东西如果赢过另一个东西，可能会把失败的那一方给吞噬了。吞噬与被吞噬之间，存在着力的关系。以人为例，当我们说某个东西“很好吞噬”时，代表着这个东西能完全被人体消化吸收。建筑物可能会被大自然吞噬，而大自然也可能被都市化吞噬。让我们放眼在“吞噬”行为上去思考：建筑物可以把什么东西给吞噬掉呢？

363 | 弯曲的家

数学上，弯曲是指“曲率”连续，与物理学相关的形式。有些东西几乎不会弯曲，有些则可以轻易弯曲，有些弯曲后会弹回原形，有些则保持着弯曲。另外，有些东西一开始就呈现弯曲的形态，有些则是事后将笔直的东西弄成弯曲。有些呈现单一方向的弯曲，有些则呈现各式各样的曲率在一个东西上。弯曲可以呈现出的风貌，真是不胜枚举。当然，让空间本身变得弯曲也是建筑的可能性之一。

【实例】O宅 / 中山英之

O宅

设计：中山英之

这是建于深长基地上的个人住宅。向内延伸的空间用微微弯曲的弧形呈现，给人柔和的印象。弯曲的走道空间让视线无法看穿到空间的最里面，这个手法成为创造空间深度感的功臣之一。

364 | 挤压的家

去捏塑、创作东西的形状时，"挤压"也是方法之一。通过挤压，让同样体积的东西产生不同的形状：有些变得扁平，有些变得凹凸不平。这就像玩黏土一样有趣。然而，这里要提醒大家：不要只将眼光放在外形的改变。随着挤压方式的不同，体量的表面也随之变化，这将有助于发现内部与外部关系的有趣变化。让我们想想：挤压所产生的形式，能否成为建筑空间的一种？

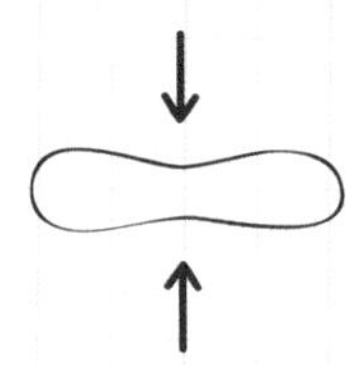

365 | 破坏的家

搭盖建筑时花费了许多心力与劳力，但总有一天，建筑会因老朽而毁坏，或因战争等人为因素而毁坏，甚至为了改建、再生而先将建筑暂时破坏。将破坏后产生的形式运用在建筑上具有毁坏感、废墟感，散发出另一种特别的魅力。

参考：高登·玛塔克拉克的作品

366 | 夹住的家

某个东西夹住另一个东西这种形式，也可以成为设计的一种，像便利贴、书签，甚至是三明治。设计建筑时，可以去思考：要在建筑里面夹着些什么？东西被完全包住、隐藏的话，"夹"的感觉就消失了；真正的"夹"，是从外面看得到被夹东西的状态。当我们在思考："用什么将什么夹住"时，地（底纸）与图的关系将渐渐浮现。

367 | 成束捆绑的家

将又薄又细的东西成堆的整理，我们称之为“成束捆绑”。整理的时候，会用到线或铁丝来绑住东西，像是捆绑稻草、旧报纸，这种整理成束的行为在日常生活中常常发生。建筑是将许多东西整理整齐后，所创造出来的场所。就拿日本农村的传统茅葺屋顶为例，它就是将茅草捆绑成束，才形成的屋顶。“成束捆绑”的行为，可以说是整理过程的开端。将空间成束成束地整理看看，应该会有有趣的发现。

368 | 揉圆的家

将各种东西揉成一团，是人类双手与生俱来的自然反应。将土压紧并揉成球形、将线绕几圈后弄成一团。这些“揉圆”的行为中，有些会加诸力量让圆更加扎实坚固；有些则故意让圆充满“空气感”。让我们想想如何做出更大的圆，就像滚雪人那样。这不光是从物理性的技术来探讨，其实人类和动物，与生俱来就有将东西滚成圆球的本能。

369 | 拧干的家

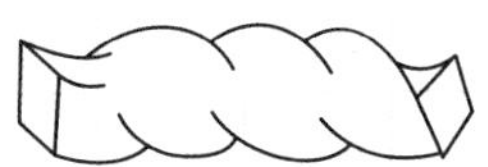

拧的状态存在于生活周遭，例如：将抹布拧干时呈现的状态、草木向上攀爬生长时呈现的状态等。植物以揉拧的姿态弯弯曲曲向上生长，并不是因为地球自转的影响，而是本身遗传基因使然。“拧干”形式的本质上具有“贴合性”与“伸缩弹性”。不具有这些性质的东西，无法产生拧的“麻花状态”。

【实例】摇摆小屋／犬吠工房(Atelier Bow-Wow)

摇摆小屋

设计：犬吠工房(Atelier Bow-Wow)

这个个人住宅建于市中心住宅区。受到道路规定与日照规定的限制，建筑外墙由下到上逐步内缩，呈现一种扭转的姿态。建筑外观由HP贝壳曲线来表现，而整个室内则呈现通透、无任何隔间的空间感。

370 | 延伸的家

延伸，是指空间上变长、变高、变宽的状态。经由延伸，空间产生了巨大的变化。随着延伸的方向、延伸的大小不同，空间随之产生各种变化。将麻薯或黏土等东西实际拉伸时，东西会被拉得很长或是拉到一半就断掉，不管怎样，拉伸后新的面貌随之而生。延伸不仅可用于三次元的立体物，二次元图面上的平面物也可以拿来延伸。就让我们拿东西来拉伸看看吧！

近义词：伸缩

371 | 扩大的家

将揉成一团的东西打开、将折叠整齐的东西展开，去注意一下这种叠好后打开的状态。例如，将揉的皱巴巴的纸团打开、从袋子里将东西取出并展开，试着把许多东西展开来看看。日本有一种方形的包巾，它可以打开、可以折叠、可以打结，可以随使用方式自由变换。思考问题时，会渐渐缩小范围作针对性的思考，这时刻意地将问题扩大来看，说不定会收到意想不到的效果！

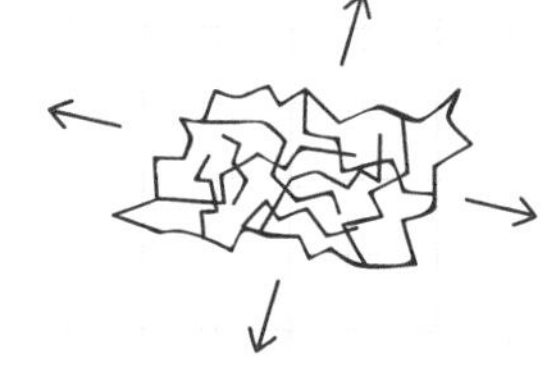

372 | 模糊的家

有些东西的边界很清楚，有些则很模糊。就拿云来说，到底哪里算云的边界呢？即使边界很清楚，也可以运用各种手法让边界变模糊。摄影与绘画中有很多这种例子：为了让主角变得更清楚，而把背景故意弄得模糊。建筑中，许多地方也不难发现这样的操作：故意把明确的东西变得暧昧不清，去衬托想彰显的主体。

近义词：不定形

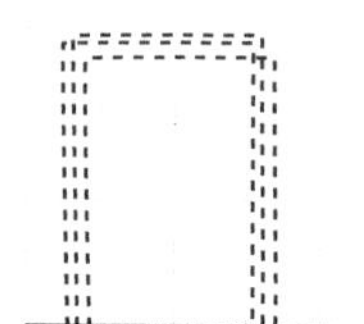

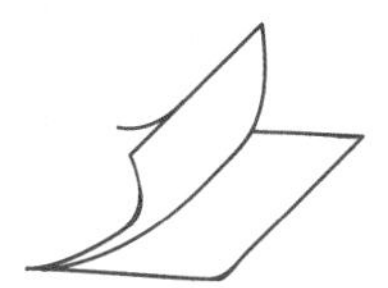

373 | 剥皮的家

像剥果皮一样,"剥"这个行为也是一种与建筑相关的语汇。实际上,如果将外墙工程上多覆上一层皮,然后将这层皮故意剥开,会呈现什么样的表情?外墙的墙皮扮演着遮阳、遮挡外界视线的角色。另外,外墙的表皮经年累月后产生斑驳的现象。"剥"的现象,像剥洋葱一样,一层一层向内剥,有一种逐渐变小的乐趣。如果剥的是每层颜色不一样的东西,那一边剥就能一边欣赏不一样的颜色表情。

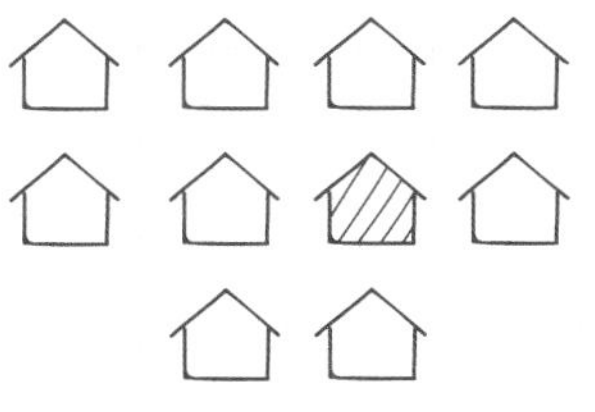

374 | 融合的家

给建筑计划、建筑剖面、建筑表面穿上迷彩服,让建筑渗透到周遭环境中,与之同化。究竟,建筑应该强调其存在感,让自己明显地存在于周遭环境中,还是应该淡化其存在感?究竟要与周遭融合,还是不要融合呢?这个大方向的问题,可以说是建筑设计上一个很重要的出发点。如果以"同化"为目的,那么材料的选择、规模等问题,都要随着时间推移来检讨是否能融合无差。让我们试着用各种角度切入,与周遭环境融合看看吧!

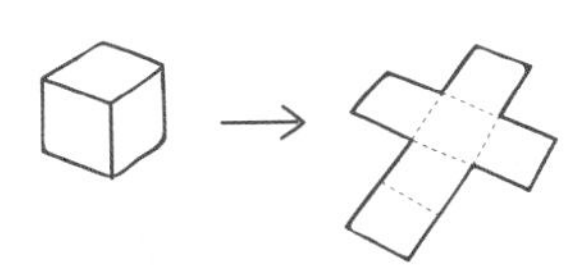

375 | 展开的家

建筑与空间,基本上都由"面"所构成。建筑里所谓的"展开",大部分是指"墙壁的展开"。举例来说:想象有一间四角形的房间,它由墙壁、天花板、地板总共6个面组成。如果房间形状更复杂的话,面的数量就会增加,而展开的方法就变得多样。如果要随着不同的面去切换不同的颜色或材质,就必须先理清哪些面展开后是连在一起的。面与面会随着展开后关系的不同有不同表现。另一方面,展开图的画法有许多,例如六面立方体,就可以画出多达11种不同的展开图。

【实例】枡屋总店 / 平田晃久

枡屋总店

设计:平田晃久

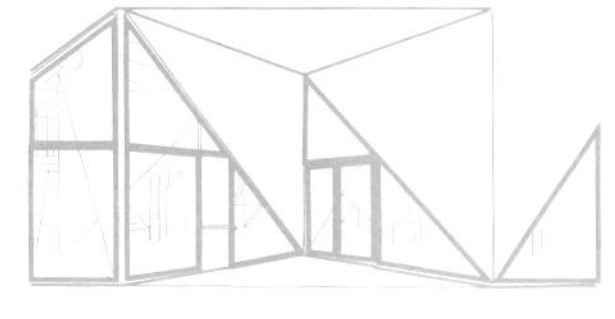

这是位于新潟县贩卖农具机器的店铺。拥有倒三角形立面的混凝土外墙就像折纸般,平衡地折出一个独立且简单的空间。三角形的外墙与开口,让室内的深度感若隐若现,成了室内装潢最大的特征。

376 | 断绝的家

切断东西与东西之间的关系，让平常保有的关系完全崩解，巨大的鸿沟随之而生，悲惨状况伴随而来。但是如果断绝方法不同的话，也可能产生新的状况，成为构筑建筑的一个试金石。在现代建筑的范畴内，不少建筑家正积极地尝试用“断绝”的手法将建筑再定义。建筑不仅是一种整理整齐、收纳完好的存在，有时候也可以通过否定式的操作手法从中学到新的知识，让建筑隐含的力量爆发。

近义词：分节、分开

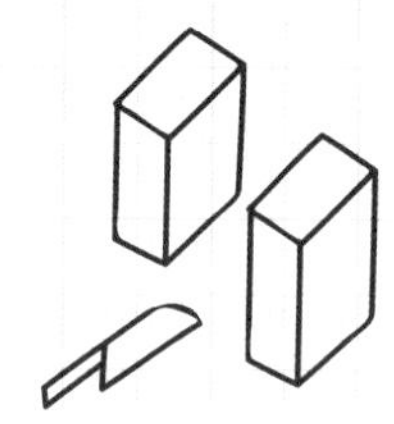

377 | 合成的家

将重叠的2个图形，经过加工融合为1个图形，称之为“合成”。由于是复数的图形合成后变成1个图形，所以合成的变化是自由且多样的。建筑，就是将许多不同形体合在一起，变成一个作品。试将不同形体合成看看，合成后，可能原来形体的一部分被保留下来，也可能原来形体完全不存在，取而代之的是一个全新的形体。

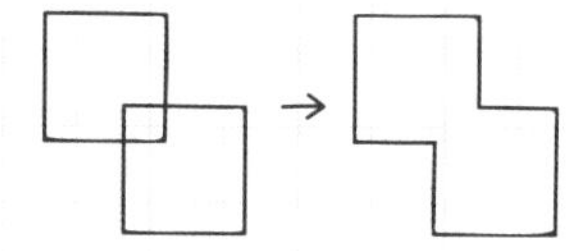

378 | 往上爬的家

在同一个楼梯上下走动时，上楼时的状况与下楼时的状况截然不同。首先，看到的风景完全相反，因为上与下的移动方向完全相反。爬楼梯时，通常头上的空间是宽广的，而“往上走”则形成一种体力上的负担。让我们回想一下：往上爬的特性有哪些？往上爬时，我们身体感觉到什么？

379 | 往下走的家

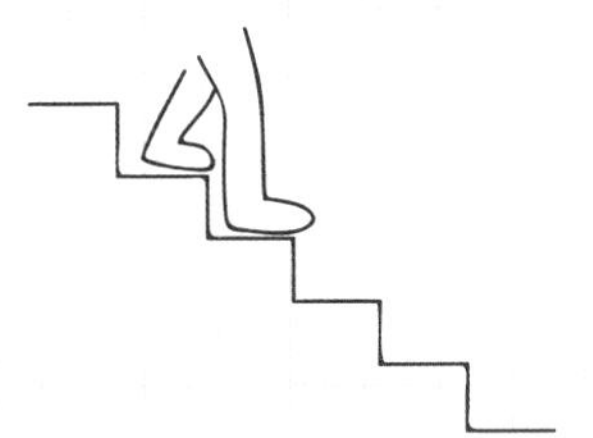

说到“往下走”，首先会让人联想到地下铁入口的场景。在地面之下若有一个宽阔的空间，会引发人往下走的欲望。在宽阔的空间中拾级而上，视线所及的空间会慢慢变开阔。相对于此，在宽阔的空间中逐级而下，一开始视线所及的就是开阔的空间。枥木县的大谷石数据馆，可以说是这方面的代表——从数据馆狭小的楼梯往下走，一个宽阔的切石场空间突然从脚边展开，相当有趣。平房之外的建筑里都有楼梯，所以往上爬或往下走的行为必然存在。我们不只要思考楼梯本身的特性，也要针对上下楼梯的行为多加研究。

380 | 整理的家

整理作业时，会让东西变得简单清爽。“整理”与“集中”的意义不同，可以整理在一起的东西彼此有一些共通性，因此整理后才会变得精简。就像整理资料时，经过考察与汇整，最后会把所有事项用一句话来归纳陈述。建筑上，常常会面临不得不整理的情况，这时运用不同于以往的整理手法，说不定会与新发现、新观点意外地巧遇。

381 | 配置的家

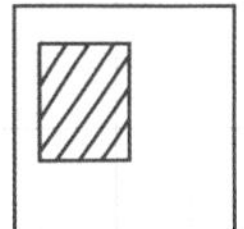
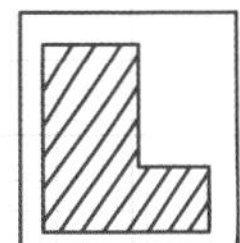

建筑被建于特定的基地上，从而成为某个风景的一部分。如此一来，建筑的位置与配置就成了关键。想检讨建筑的配置时，先理清：是一个大的建筑物还是几个建筑的集合。将基地视为“地”，将建筑视为“图”来思考，再将角色对换，再次思考一下。“决定怎么配置”是着手进行设计时重要的第一步，也是大大影响结果的关键性操作。让我们抱着胆大心细的态度，将建筑物配置在基地上试试吧。

【实例】江东的住宅／佐藤光彦

江东的住宅

设计：佐藤光彦

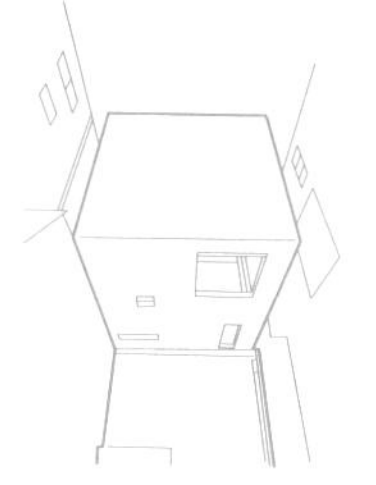

这是两层楼高的钢骨结构个人住宅。周围的工业区呈现一种到处塞满建筑物的密集景象。这个住宅与周围一样，建筑体量塞满基地之间，正面临路的那一侧也尽量紧靠着马路而建。但建筑背后藏了一块大空地。此案拥有非常特别的“配置计划”，与其说是“在基地上配置建筑”，还不如说是“为了创造空地，才如此配置建筑”。

382 | 涂鸦的家

被人称之为"涂鸦"的艺术到底什么程度算乱画乱涂，什么程度又算是艺术呢？单调的建筑与街角，经由涂鸦变身成了有强烈特征的东西。就像我们默许墙壁被画满引人注目的涂鸦一样，这种心态运用在建筑设计上将发展成建筑作战计划中的"奇袭手法"。让我们去想想这种手法的各种可能。当"涂鸦"引发我们思考并身体力行某些事时，"涂鸦"将不再只是"乱涂乱画"了。

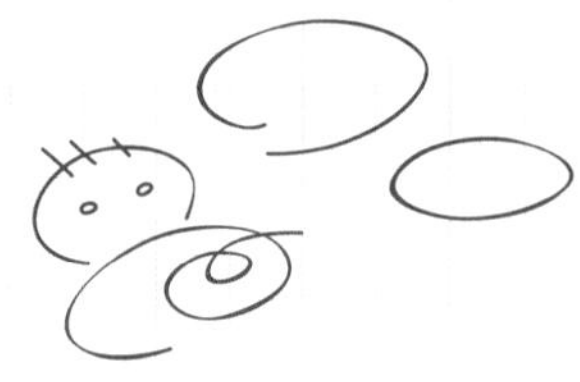

383 | 排列的家

排列，是建筑设计中经常被采用的操作手法，将东西刻意地排列并对齐，让东西看起来是被安排好的状态。排列的形式很多，有横向排列、棋盘式排列、依高度排列、随机排列等。当要排的东西数量很多时，每个东西自身的特性就容易被忽略。日常生活中，当我们要同时比较某些东西时，会将这些东西一字排开。当我们必须同时且等质地处理信息时，可以运用"排列"这个方法。

384 | 伪装的家

动物为了保护自己不被敌人发现，为了追捕猎物时能顺利隐身，会采用"伪装"手法。迷彩图案或军用商品原本的设计目的也是为了掩敌伪装。演变至今，这些图案已与初衷背离，成为走彰显个性的流行图样。存在于变幻万千环境中的建筑，固定在那里无法自由移动，也不可能自己换装变身。这样的建筑，我们可以为它加些什么装扮呢？

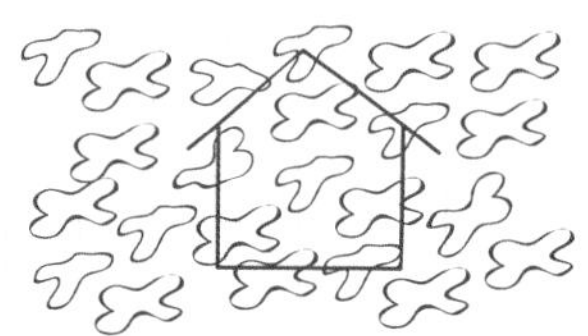

385 | 仰望的家

从下往上看，叫作仰望。当看的视线角度稍微往上移动整个看到的风景与呈现的意义就变得完全不同，甚是会带来些许神秘氛围。高楼大厦、高空喷射云、繁星等，由于在高处，会成为人类抬头仰望的对象。但像天窗、宗教建筑里的天花板画等，就是刻意设计让人类抬头注视的。这些例子，就是积极将"仰望"行为放入空间规划的最佳写照。

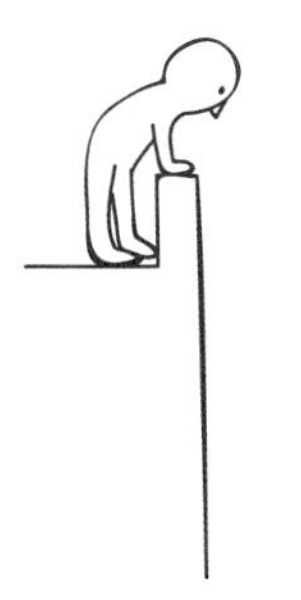

386 | 俯瞰的家

登上高台俯视脚下的街景，或从挑高空间的栏杆处看下面的客厅区域，这些"站在高的地方俯视低的地方"的行为，都叫作俯瞰。透过俯瞰，可以把握整体空间的状况，可以更客观地欣赏风景。建筑中不仅存在着空间问题，像配置图或平面图里呈现的单一建筑物位置与建筑物间的位置关系也很重要。理清位置问题的"平面配置图"，其实就是从上往下俯瞰建筑物后所画出来的。

387 | 反射的家

建筑中，水平面与垂直面的各种素材会产生反射。像身边随处可见的玻璃、金属板，或是大自然中的水面，都会反射。反射，有时候单指"光的反射"，有时候意味着"像的反射"。当然，"音的反射"也是反射的一种。反射，涵盖的意义范围非常广。设计时，理清"什么东西以怎样的方式反射"这个一直被忽略却相当重要的问题，成了关键。

【实例】蛇形画廊临时建筑／SANAA

蛇形画廊临时建筑

设计：SANAA

位于伦敦蛇型画廊(Serpentine Gallery) 旁的公园草地上，每年夏天会出现3个月的临时建筑作为啜饮咖啡的休憩空间。SANAA受邀规划2009年的临时建筑，将周围的草木与到访的参观者，全都反射在铝制的超薄大屋顶上。为了呈现建筑的轻量化，还用极细的柱子支撑着屋顶。这个艺廊每年邀请一位世界级建筑大师来操刀，展现临时建筑的各种可能，成为每年的建筑盛事。

388 | 实像·虚像的家

透过放大镜看东西，会看到放大的景象，这其实是虚像。如果将放大镜与眼睛的距离拉大，会看到上下相反的景象，这其实是实像。贴满镜子的空间，会形成一个充满虚像的空间，相对于此，透过针孔效果将广阔外部空间投射到内部空间形成了实像的空间。让一个家，同时拥有实像与虚像空间并不容易。重要的是，眼睛所见的景象是实是虚。虚与实的定义，更为重要。让我们思考一下：虚像与实像交织而成的空间会如何呈现，其效果又是如何？

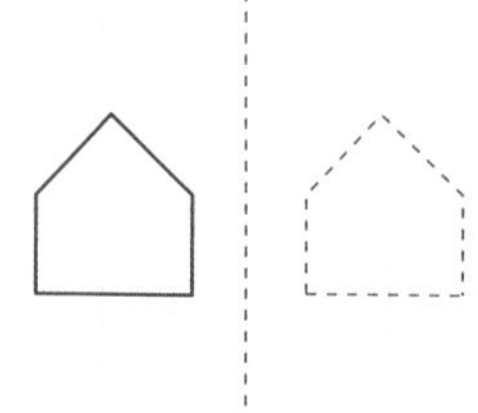

389 | 斜线规范的家

日本建筑基本法之一的"斜线规范"影响了建筑量体的高度与形状，其"斜线"是肉眼看不见的，在空中交错的线。依据情况的不同，规范也可能被松绑，但基本上，设计者都会在"让建筑量体不超出斜线规范的框线"的前提下，想破头来设计。为了符合规范，有时候必须忍痛将建筑物"切一块"、"削一角"，但就是因为有了"斜线规范"，才得以让大家在同一块土地相安无事地生活。当然，"斜线规范"本质上是一种限制，这一点是不会变的，但要如何在限制下绞尽脑汁去展现有魅力、够新鲜的设计技巧，值得挑战。

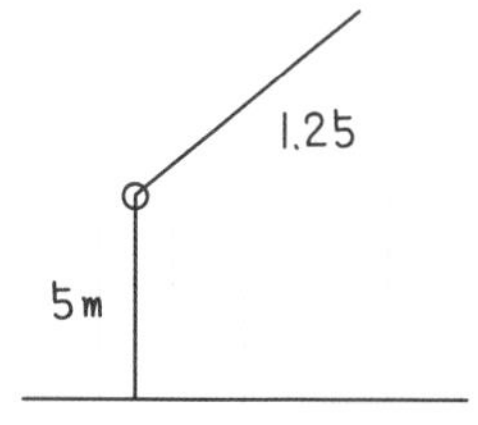

390 | 看透·看不透的家

要展现空间魅力时，去操控视线的"看透"与"看不透"，成为重点之一。有时候希望创造一个轻轻松松就可以看透的空间；有时候又觉得被看不透的空间包围有一种安心感。空间彼此是无缝相连的，感觉很好；空间之间断断续续地、以某种节奏般地衔接，感觉也不错。从平面的、立面的、剖面的角度切入，来试试"看透"与"看不透"手法该如何呈现。同时也将周围环境与开口大小位置等因素考虑进来，会让这个手法呈现的效果更佳。

391 | 视线范围的家

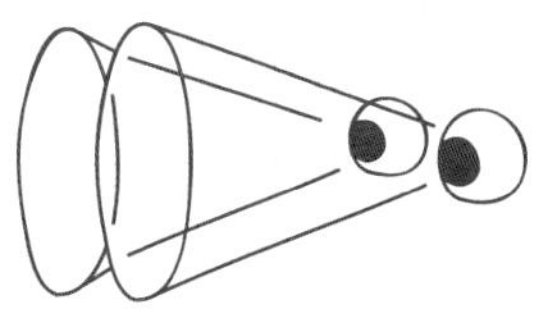

空间的宽度、高度、深度，是透过眼睛，也就是视线范围而被认识。相机的广角镜头视线范围非常广，相较于此，人类的视线范围就有一定的界线。因此，相机所拍出来的照片往往与实际的景象不同。可以看到什么？想给别人看什么？不想被看到什么？装上门、立好墙、用窗截景、用悬墙框景，这些建筑内的一小部位，都可以控制人们的视线。透过视线范围的操控，去创造欢乐的空间与环境吧！

392 | 窥视的家

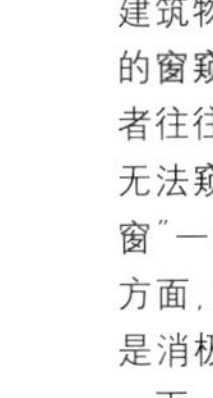

建筑物周围若是有其他建筑物相邻，大家就可以透过建筑物的窗窥视对面的状态。为了避免这种“窥视”情况发生，设计者往往必须因这样的需求：“从室内可以看见室外，但从室外无法窥视室内”来下足功夫，着手设计。就像希区柯克的“后窗”一样，偷窥所带来的紧张感在这个作品中展露无遗。另一方面，如果建物用作店面使用的话，反而希望能被看到。不仅是消极的“偷窥”，让我们针对积极的“引人注目”也来研究一下。

393 | 分栋的家

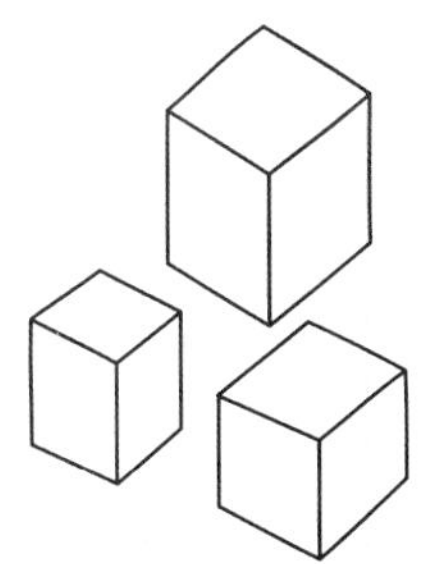

一个建物，为什么要故意分成好几栋呢？用一个箱子，就可以满足许多活动的需求，这种多功能的特质往往被视为优点，但也有例外。装满各种食材、呈现多种菜色变化的“综合便当”虽然好，但能单手轻松解决的“寿司便当”有时候更适合。与思索房间与房间之间的关系一样，去思考栋与栋之间存在的关系吧！

【实例】森山公馆／西泽立卫

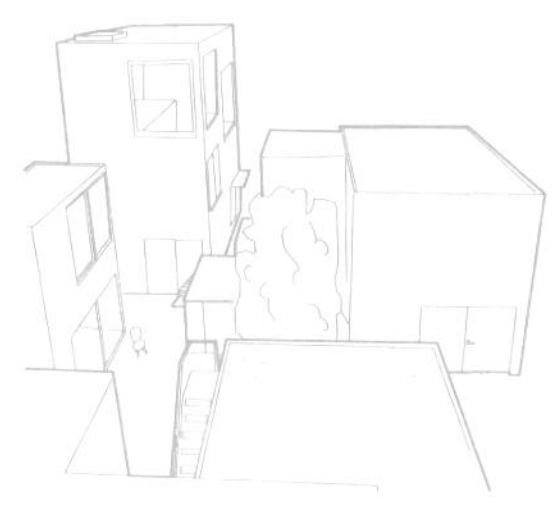

森山公馆

设计：西泽立卫

这个建筑建于到处都是木造平房的住宅区，建筑本身集“集合住宅”与“个人住宅”的特性于一身。将住宅用途以房间为单位来细分，并用分栋的形式创造出多样的内部与外部关系。在同一个基地中，分栋的建筑彼此透过大片窗户让视线穿梭其中、交织交错。

394 空间进入法的家

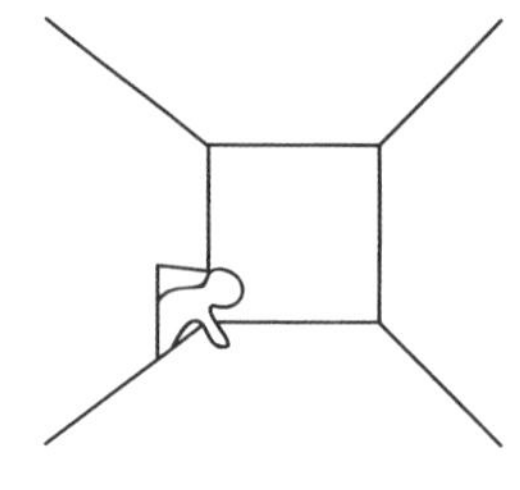

让我们验证一下进入空间的方法吧！想进去一个空间，不只可以从侧边开门进入，也可以从上面进入、从下面潜入，或是像茶室的小矮门，必须低头屈身才能通过。不同的空间进入法，会产生不同的空间印象与效果。进入空间后的光景也值得玩味：进去后宽广的空间马上映入眼帘吗，还是进去后必须通过狭窄的走道，才抵达宽广的空间？这些差异将大大影响进入者对空间的印象。随着进入方法的不同，空间会看起来更大或看起来更小，这是在二次元平面空间中无法体会的效果。

参考：复合媒材工房/妹岛和世

395 挥动的家

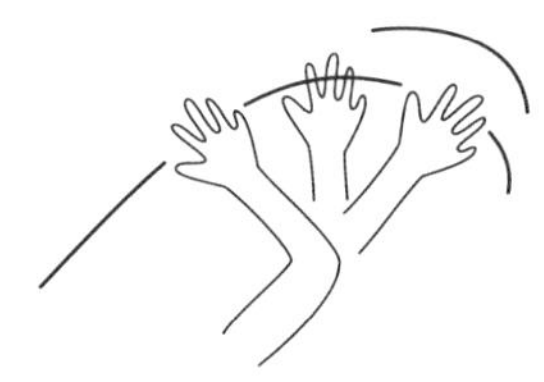

挥动高尔夫球杆或游泳时手臂的摆动，这种来回的摆动动作，称为挥动。写书法时，大笔一挥所形成的线条无法修改。握笔后挥洒的动作、速度与力量，完整而忠实地呈现在纸上。让我们想想：这个动作能与建筑碰撞出什么火花？建筑中的"挥动"，又会以什么形式呈现？稍微扩大解释的话，高楼大厦的上下空气对流、大门的开合动线，甚至像车站里人来人往的移动，这些彼此不相撞的动线都可以说是某种形式的"挥动"。

396 堆叠的家

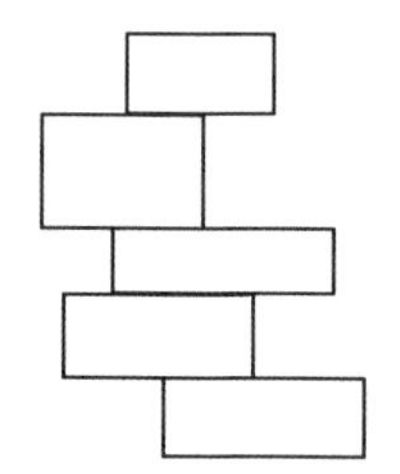

堆叠，如同叠杯子或叠椅子那样，当东西不用时，将东西整齐地叠在一起，不仅节省空间，也便于收纳。换句话说，堆叠的特征之一就是强调"效率"。都会区的办公大楼或集合住宅等，为了在有限的基地上让空间最大化，往往采用楼层堆叠的方式密集地向上争取空间。这里，我们想要强调的不是堆叠的"效率"，而是透过堆叠所产生的乐趣，就像堆起的好几层便当一样，那种令人兴奋而期待的体验如何延伸到空间设计中？

【实例】新美术馆 / SANAA

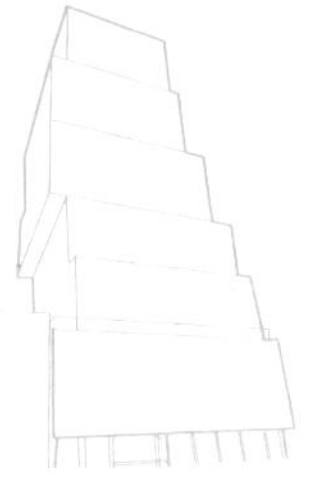

新美术馆

设计：SANAA

这是建于纽约曼哈顿的现代美术馆。建筑外观用好几个四角形箱子彼此稍稍错开、向上堆叠，成为视觉上的一大特色。错开处产生的缝隙部分，成了天窗或露台，为室内空间增添许多精彩设计。外墙之外再用铝制网片整个覆盖，形成双皮构造的外墙设计。

G

概念 · 思潮 · 意识

Concept, Trend of thought, Will

397 | 最好的家

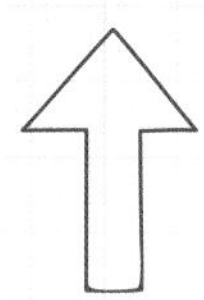

"最"这个字眼，会让人心跳加速，也给建筑一个强有力的支持。面对完成的作品，试着稍微调整一下想一想：难道没有比现在更好的表现吗？有办法将"好的建筑"变成"最好的建筑"或"最美的建筑"吗？咬紧牙关力求表现的同时，注意不要做得太过头了。以最好为目标来进行设计，应该会创造出令人眼睛为之一亮的有趣想法！

近义词：非常、相当、MOST、BEST

398 | 人类的家

对建筑来说，人的存在不可或缺。如果没有人，就没必要去创造建筑与空间。以人类相关的各种尺寸为基准，决定建筑的大小与细部的尺寸。思索建筑的意义，深入来看，等于是思索人与环境的关系。这么一想，就会觉得"人类不成长的话，建筑也不会成长"。只是，人类的身体并没有明显的进化与退化。现在的人与很久以前的人相比，眼睛、鼻子、嘴巴与手都没什么改变。时至今日，建筑一味地向前进步，而人类却有种跟不上的感觉。人类具有适应环境的能力，但本身却是不太改变的个体。

399 | 错觉的家

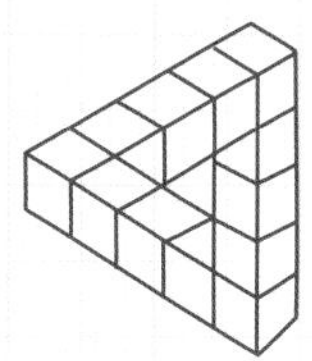

人的眼睛要说正确，是很正确；要说不正确，也是非常不正确。用眼睛去判断事物时，与其说是"绝对"的判读，不如说是"相对"的比较结果。正因为人类眼睛是透过对相的信息判读，所以容易被M.C.Echer.的画给骗了，进而产生错觉。这不是什么坏事，正因为人类拥有柔软的认知方式，反过来善用此特性的话会产生非常有效的视觉效果。从古至今，建筑里积极地运用错觉来制造效果的例子比比皆是。错觉，让建筑的远近感更强烈、让物体看起来更庄严。

参考：M.C.Echer.的画

400 | 残影的家

残影，是像亡灵一般残存于脑海的影像。当我们再度与慢慢沉淀在脑海的残存影像相遇时，空间倏地如戏剧般展开，原来的风景就这样似有若无地从脑海中蹦了出来。这个议题乍看之下不好表现，但积极地将残影现象运用在建筑上，应该会有不错的效果。给人留下印象，是迈向好的建筑或是好的空间的一个证据。首先，把自己曾经历过的残影经验整理一下，说不定就能理解残影的真正面目！

401 | 可爱的家

可爱，原本意味着惹人怜爱，通常用来形容小宠物或小孩。去定义“可爱”这个词其实是相当困难的。对小小的、圆圆的东西，我们会形容可爱，所以可爱与大小、颜色、形状是有关联的。可爱的领土范围逐年扩张，特别是女性，常常把可爱挂在嘴边。如果把建筑物盖成小小的一个，也可能被形容成可爱；若建筑的配色或图案很潮的话，也可能被赞誉成可爱。街景也可能呈现可爱的氛围，例如汉萨同盟的都市风景。

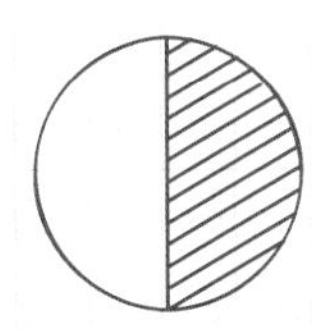

402 | 对比的家

建筑表现之中，随着设计者的习惯与喜好，大致分成两派：“不太有对比”的表现与“强烈对比”的表现。“不太有对比”，会让相连的两个物体间的界线变模糊；而“强烈对比”，则会让空间的起伏感、松紧度彰显。天气好的时候，会产生清楚的影子，让对比效果明显；云雾罩顶的日子，影子的轮廓变得模糊，对比效果因而减弱。另一方面，去拿捏颜色与材质的对比意义，应该也会相当有趣。

【实例】里昂歌剧院／让·努维尔（Jean Nouvel）

里昂歌剧院

设计：让·努维尔（Jean Nouvel）

这个作品经由设计竞图案选出，是法国最古老的歌剧院的改建计划。改建后的歌剧院保留了原建筑的外墙，并在其上罩一个新的半圆形拱顶。这个建案到处可见对比手法：新与旧的对比；整个涂黑的内部空间与明亮的外部空间的对比；天黑之后，外围的漆黑与建筑内部散发出的红光也形成令人印象深刻的对比。

403 睡着的家

"睡着"这个词,究竟与建筑有什么关联?面对这个有点棘手的问题,让我们把它作为这次的讨论议题,去思考睡着的广泛意义。当作品很无聊时,会让人看了就想睡。但这里想探讨的睡着,是指"当建筑物没有被使用时所呈现的状态",可以说是"沉睡的空间",或是"想睡的空间"。以度假别墅为例,一年之中有大半的时间它都呈现无人居住的状态,就像一个"睡着的空间"。或者,在等待下一个房客搬进来之前暂时空着的房子,也像睡着了一样。以房间来看的话,一天之中几乎都没被使用的浴室就像一个随时休眠的房间一样。

404 周边的家

建筑的边界产生时,就有"一周"的存在。用绳子在周围绕一圈的话,会让周围边界的存在感更为显著。但平时我们不太意识到"一周"的存在。说到"周边"这个字眼,它与建筑的关系、所有必须注意的"周边"思考方法,都希望大家能记在心里。另外,建筑周围的表现会决定建筑本身的设计地位,所以设计进行到最后阶段,最好确认一下周边环境会如何影响到建筑表现才是上策。

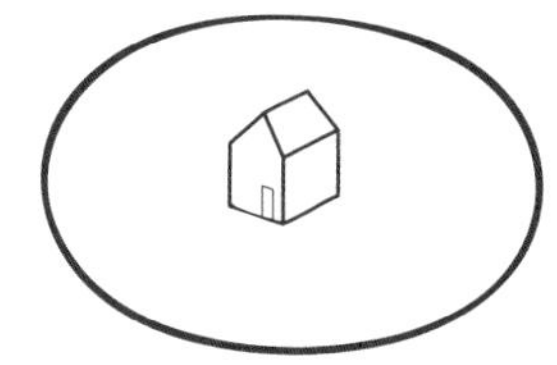

405 没关系的家

将事物汇整、整理后所有事物被定义成彼此相关。这种相关的关系,像全体与部分,像周边与建筑本身一样,是经由设计者正确地判断后所形成的一种明确的设计上的关系。但是,事物之间也可能毫无关系。究竟眼前的这两个东西有没有关联?冷静地拉远来看,才是判断彼此有没有关系的最佳状态。即使彼此没有关系也无所谓。只是,要如何从"什么都要赋予关系"的职业病中解脱,切断关系变得自由,这需要极大的勇气与努力。

406 间的家

东西与东西之间，必然存在着“间”。“间”这个字，解释起来极为暧昧，但却是日本文化中，所有空间表达的重要字眼。时间、人间、空间，不管用什么词汇来表达，都有“间”这个字存在。没有直接的关系呈现委婉分离的状态，在此情况下，就有“间”的存在。但分得太开的话，“间”也随之消失。间，仅存在于微妙的距离关系之中，是一种高度进化后的概念。舞蹈、音乐、绘画之中，也可能发现“间”的存在。建筑上，以“间”的概念为前提来创造空间相当重要。其实所谓的空间，就是空气中的“间”。

407 未来的家

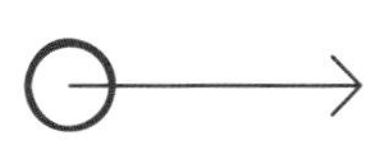

建筑中，特别是所谓的现代建筑是朝向未来所设计的作品。在这个时代，要设计未来的建筑，心境上多少有些抗拒。但未来建筑的确是象征着未来的现代建筑的先驱者。这个“未来”的表现，可能是技术方面的，可能是表现手法方面的，也可能是价值观方面的。“这个建筑，会被未来的人如何看待？”意识到这个问题而设计的建筑，会如何呈现？我们很难预测今后的建筑将变成如何，但用这个角度来重新审视建筑应该相当有趣。

408 过去的家

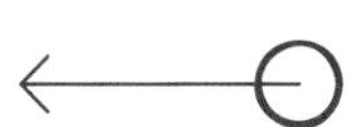

建筑之中，有不少针对过去所设计的作品。这些作品随着时间沉淀出更深沉的醇郁。这些作品在设计之初就将时间的变化考虑进去，所以经时间推移所产生的样貌变化过程，便忠实得呈现在建筑上。拥有100年以上历史的建筑，背负着比现在更沉重的过去。这些拥有着巨幅过去的建筑，集结了许多想法并吸纳了许多超越自身能力的知识。

【实例】狭山公寓／Schemate建筑事务所

狭山公寓

设计：Schemate建筑事务所

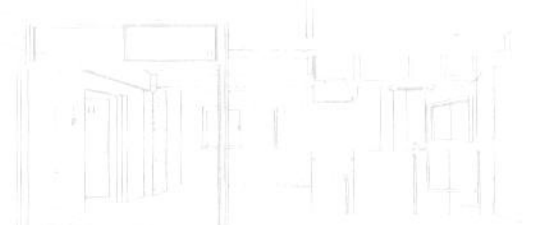

这是将东京郊区既存的公司宿舍，改建成为30户出租大楼的“用途变更改建计划”。在解体旧有建筑的过程中，根据设计者的设计，将一部分解体状态给原封不动保留下来，成为此建案最大的特征。让过去的样子显露出来，以新的姿态被保留下来。旧有的格子门、天花板下的收纳柜、表面板材都被剥光的裸墙、墙上的粉笔痕迹等，这些既存的状态都被保留了下来。

409 | 中心的家

任何东西都有中心。可能是心理上的中心，也可能是物理上的重心。在处理空间时，会下意识地考虑中心问题，将中心设定在某个地方。中心这个词，可以代表着将全体统整在一处，也可以代表硬将全体束缚在一起。另一方面，随着场所的改变，新的中心位置也随之浮现。许多中心集合在一起就形成了建筑。"中心"这个词与"场域"有着异曲同工之妙。

410 | 角度的家

如同距离的测量一样，角度的测量也是一门重要的功夫。有些东西本身就存在着特殊的角度，有些东西会经历一段过程后产生某个角度。角度又大致区分成：90°以内的锐角与90°以上的钝角。太阳的高度位置与地面形成的角度，常用于特定的判读上。什么季节、时间，会产生怎样的光线角度？这是建筑设计者要控制光线前，必须做足的功课。不管在什么情况下，我们都应该对角度充分了解。例如数学上，如果想求出内积，必须先知道两边所夹的角是几度。建筑里，楼梯与屋顶是最需要考虑角度问题的地方。

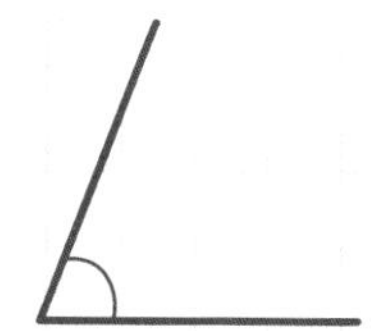

411 | 家庭成员的家

住宅会依据住在里面的家庭成员的需求不同，设计成不同的面积与房间数。很难有一个计划是可以适用于所有不同家族的。但有些计划却可以弹性地应家族成员的改变而作调整。特别是家里有成长中的小孩，刚开始与父母同睡在一间房，长大后需要另一个独立的房间。当小孩长大成人时，有可能会搬出去住而让房间空出来；也有可能成家与父母同住变成两代同堂。家庭成员的变化是非常多样的。但不管怎么改变，某种程度上事先预测这些改变并作准备是非常必要的。如此一来，当家庭成员改变时，只需要稍微改造一下就能满足所有成员的需求。

412 | 某处的家

建筑物必须建在基地上的某处。而基地也必须是大地上的某处才行。"这个厨房,应该要放在空间中的哪里呢?"进行建筑计划时,会从理论的角度来决定某些事情。但有绝大多数的事情,是当初没有原因和理由地被决定事后再将这些决定赋予理由。什么事都要有理由才能决定,会让人很困扰;但事情决定后却找不出理由,也会产生问题。不可思议的是,设计者常常挣扎于这样的解谜漩涡里:"这要放哪里?这里?不,那里好吗?"

413 | 距离的家

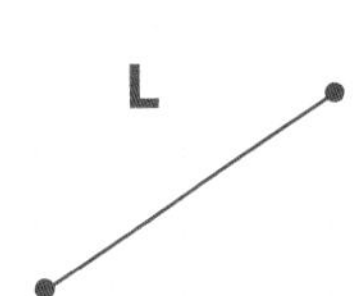

进行建筑计划时,大小尺寸的度量单位——距离,是不可或缺的一员。具体来说,像基地的大小、高度、宽度、人与墙壁的间距等,都可以用距离来表示。测量距离时,需要用到尺度。尺度在建筑中不断重复地出现,将这些尺度整理好,就形成了容易使用的度量衡单位,像日本的"尺贯法"就是。另外,距离有好几种层级存在:跨距又长又远时,我们会用千米来表示;微小的毫厘之差我们会用毫米来测量。不管在什么情况下,用距离概念来解释、表现建筑,都是非常重要的。

近义词:尺寸

414 | 轴的家

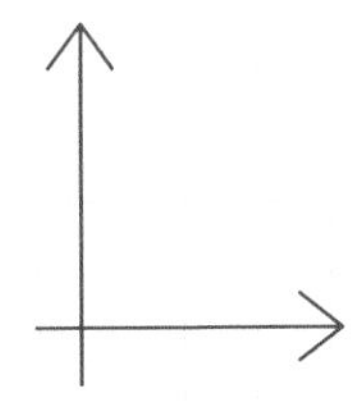

设计建筑物时,往往会先设定轴线。从坐标上的 x 轴 y 轴,到都市里的轴线概念,都是轴。这些轴有的是从周边导出的,有的是因建筑物而产生的。从建筑设计的角度来看,轴是管理建筑物的基准,常用于整体的尺寸管理。依据建筑物的不同,有些会产生数个轴线,有些甚至可能产生双曲坐标。有些人会故意与轴线错开,最近一些建筑物甚至无法界定轴线在哪。但轴的存在到最后仍支配着建筑的发展,也是不可否认的事实。

【实例】沙克生物学研究所 / 路易斯·康(Louis.I.Kohn)

沙克生物学研究所

设计:路易斯·康(Louis.I.Kohn)

这个世界知名的生物医学研究所,位于接近墨西哥的美国圣地亚哥市。建筑物左右对称、雁行配置,两侧建物之间有一个被称为"PLAZA"的广场。广场上,在面对太平洋的轴线上,设置了一条细长的水道,成为此案最引人入胜的风景。这个水道,是由路易斯·康的朋友——知名建筑师路易斯·巴拉干建议而来,是建筑史上的一段佳话。

415 | 孤独的家

人，可能会一个人生活，也可能一个人度过一段时光。依据状况不同，人与建筑的交集方式也随之不同，最具体、最容易想象的状态，就属独居老人的生活了。这样的生活环境里，充满着对曾经住在这里的人的思念，那是肉眼所看不到的。正因如此，老人宁愿选择继续住在这个老家，安静地等待咽下最后一口气，也不愿意离开。我们应该针对这种情况，让建筑与居住者之间的关系变得更美好。

近义词：单一

416 | 57577的家

就像日本的"五七五七七短歌"一样，用某种韵律玩出各种表现是日本文化独特的一面。用这种被设定好的规则，说不定可以让建筑或体量呈现调和、产生抑扬顿挫。茶室的世界里，也有类似的独特规则，随之而成独特的美学。虽然很多人会下意识地觉得："因为自由，才能产生自由的设计"。但其实，"因为有规则的存在，才能展现自由"有这样想法的人也不少。将短歌这么棒的规则，试试看运用在建筑中吧！

417 | 规则的家

设计之前，必须先制定规则。一个案子有好几个设计师参与的话，随着设计师的不同会采用的形式也随之变化。这时需要制定一个自由度高、可以适应各种状况的规则。当然更重要的是，这个规则最后可以催生出优秀的设计。如何建立这个规则？这不是三言两语就可以简单说明的。从现在开始，试着制定各种规则并将每个规则的优点与缺点整理出来。另外，实际看到一个建筑时去想想存在于背后的规则是什么，以此为学习目标。

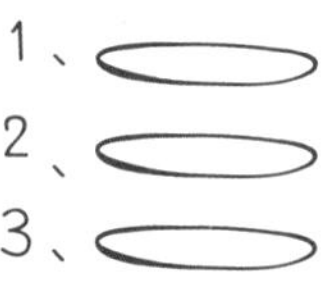

418 诗的家

诗的表现、诗的气氛等，我们可以用“诗”这个字，将建筑物团团包围。所谓“诗的表现”，是指“与现实有一点差距的自由表现形式”。诗的建筑，究竟是怎样的建筑呢？诗，成立于吟诗者与听诗者之间，以一种进化后的高级会话形式存在。在建筑上，如吟诗者般的设计师丢出一个创意，让听诗者的民众去自由解读，美好的建筑油然而生。

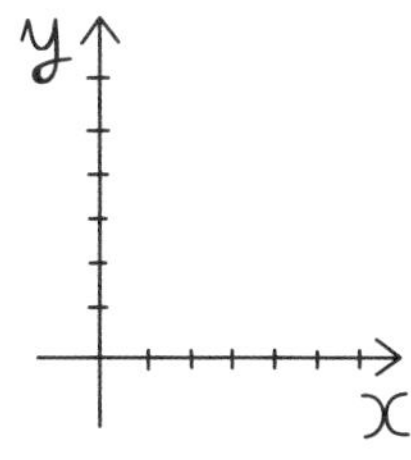

419 参数的家

在处理建筑物的体量与面积等数字时，为了要去得出它的解答，而发展出一套类似于方程式的东西，并设定参数从假设中导出解答。但是，现实往往与数学问题不同，被决定的解答常常不止一个，而是刻意地让你最后在某个范围中选择哪个才是最适当的答案。建筑，不像可以随便置换的数学方程式那么单纯，但如果把状况摸清楚、把参数设定好，也可能运用数学解法将建筑的问题解决。

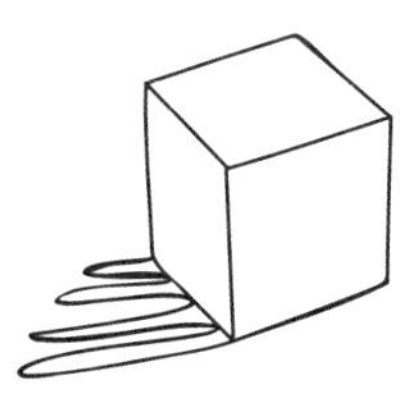

420 单一的家

单一，意味着单一个体。建筑，往往被周围的其他建筑包围而存在。这么说来，该如何定义“单独存在的建筑”呢？“单独存在的建筑”或“单独呈现的建筑”，要如何在建筑集合中成立呢？这些问题，相当难解。“单一”这个字眼，还有另一层意义，就是“与其他东西有差异化”。拒绝与周围一致化，醒目地存在着，这种傲视周围的行为，为建筑带来特别的力量。

【实例】信号所／赫尔佐格和德梅隆(Herzog & de Meuron)

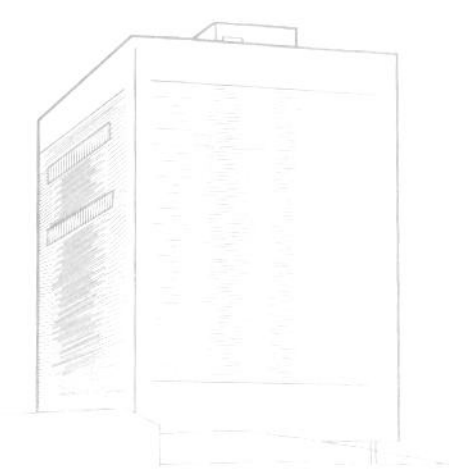

信号所

设计：赫尔佐格和德梅隆(Herzog & de Meuron)

这是车站的信号所，位于瑞士巴赛尔。外观上，用无数条宽约200mm的细长铜板将其卷起，形成一大特征。铜板有如百叶窗一样，一部分铜板甚至被弯折。透过这样的设计，让内部看起来若隐若现。虽然是用单一材质的铜来表现，却透过简单的操作让建筑表情极为丰富。这层铜制外衣，让建筑随着观看角度与距离的不同呈现出一种时刻变幻、不可思议的风貌。

421 | 时间的家

生存在地球上、生活在世界中，必然存在着时间来支配人类。时间的变化，由早、中、晚不断重复而成。在这样的时间之中，我们时而觉得时间过得很快，时而觉得时间过得好慢。为什么会有这些差异呢？有可能是人的心情所致，也有可能是空间造成的气氛使然。什么时候会觉得时间过得很慢？这与建筑内的哪个部分相关或是与外部环境有关？想想这些问题，说不定会有惊人的发现。空间的大小与明亮度，以及建筑开口处的呈现，仿佛会影响人类的时间感知能力。

422 | 大概的家

我们常常这样说："大概是这一带"。既不是左边也不是右边，而是大概这一边。这是依据平衡感脱口而出的一句话，但要证明这句话的理论根据比登天还难。若比喻为走路，"大概"就像本来是往后走现在换方向往前走一样。在这个领域里，正确答案不只有一个，而是有一区。因此，在这一区的范围里，大概都是不错的选择。在建筑的世界中，即使不是最好的解答，相对较好的解答也不错。

423 | 开始的家

建筑中有各种开始：开始设计、开始施工。当建筑完工后交到客户手上，居住者就开始搬进去生活。新事物接踵而来虽然会让人有点不安，但确实地去解决一个接着一个的课题，算是一个好的开始。此外，因为是刚开始，所以不安定感伴随而来，操作起来也非常不顺，也还学不会调整。但是，只要将这些问题一一修正就没问题了。不管是建筑或是人类，都不是一开始就完美无缺的。去接受稍微的不自由，并且随时修正、学会适应，以这样的心情开始一件事非常重要。

424 | 结束的家

设计、施工、验收建筑这些动作，都有一个目地存在，就是所谓的最后完成目标。盖房子的意义本身有目标性。但整个过程从居住者的需求开始。至于结束，则在相当久以后的未来才会发生。建筑物的结局有哪些？有可能变得从此不能住人，也有可能被拆除、夷为平地。建筑物的寿命有的很长，有的却很短。一度寿终正寝的建筑经过改建后，也可能重新活了过来。许多知名建筑，在岁月的摧残之下也不得不面对结束的命运。这说起来令人感伤，但正因为是老朽的建筑，才更能让我们体会其中的建筑精神。

425 | 自由的家

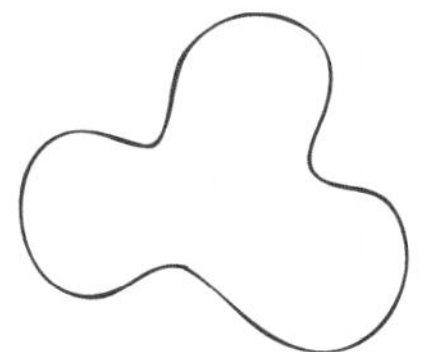

自由，一个不需要去定义的词汇。当束缚被拿掉，就是自由。举个身边可见的例子：像自由曲线，就是没有规则随自己高兴画出的线。另外像自由计划，计划里存在多少的自由度，就有多少的变化形式存在。建筑，可以说是充满规则的体量，当设计者偶尔怀念起自由，就会有一些轻盈的自由表现残留于建筑中。

426 | 死的家

东西都有寿命。有些可以透过交换来延长寿命，有些则气数已尽而解体。建筑物如果没有适应环境状况而建，当大自然一发威，建筑物便会因失去平衡而“英年早逝”。为什么会发生这种情况呢？这个时候，冷静地分析变得非常重要。有些建筑计划，是将建筑中的某些老朽部分重建。像古老的木造神社等，基本上就是采以这种手法。“材料不是永久不衰的”，我们必须以这个概念为基准，去定义建筑。

【实例】布里昂家族墓园／卡洛·斯卡帕(Carlo Scarpa)

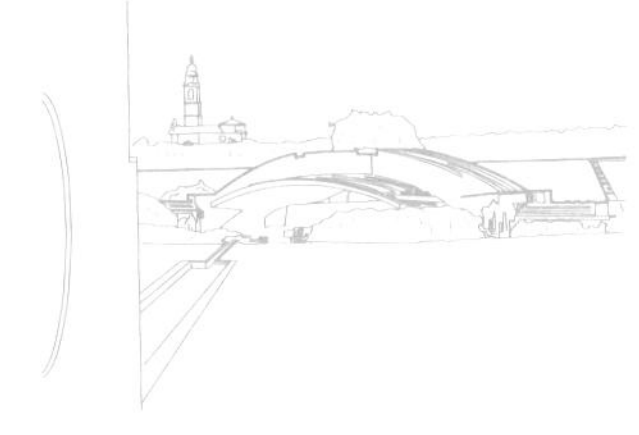

布里昂家族墓园

设计：卡洛·斯卡帕(Carlo Scarpa)

这是意大利电机制造商的创始者布里昂的墓园。此墓园位于意大利东北部的内陆。关于死的建筑，像墓地、灵骨塔等作品很多，但以个人来计划的墓地就非常少。墓园周围用围墙将周遭的田园风景隔离在外，而墓园里面处处可见匠心独具的细节处理，让墓园呈现更精彩的风景。

427 否定的家

"不是……","没有……","非……","不……"等否定句,用于针对某个主题持反对意见的时候。几乎所有的字汇都可以加上否定词,现在的竞图题目,很多也以"没有……的家"等否定式题材作为主题。当平时必须存在的东西被拿掉后,建筑与空间中将会发生什么变化呢?"……"里可以填进什么呢?去思考这种种可能性,就是一件了不起的工作。然后再把它变成"不……",难度更是增加。就当是思考的训练,针对"不……"去作各种尝试,将会有所发现。

428 噪声的家

说到噪声,总会让人觉得不快,但这个词不一定只用于这样的情景上。所谓的噪声,会以没有规则的方式跳动,是存在于大自然的东西。它带给材质更丰富的表情,让单纯的东西增添了些许复杂。噪声,原本是用于说明声音表现的词汇。而建筑可以让人远离都市的喧嚣,具有让人不受噪音干扰的使命。噪声之中,有让人感觉不错的,当然也有让人相当不舒服的。希望大家了解噪声之后,都能与它好好相处。

429 地与图的家

什么是"地与图"?背景叫作"地",背景前的东西称为"图"。"地与图"的思考方式来自于绘画或错觉的现象,但人类其实会在下意识中,去区别哪里是背景、哪里是前景。建筑在各种次元上,也常见"地与图"这个用语。当基地是"地"的话,建筑物就是"图";当墙壁是"地"的话,窗户就是"图";当地板是"地"的话,家具就变成了"图"。什么是"图"?什么又是"地"呢?将东西间的配合方式考虑进来,再次明确地定义看看。另外,盯着地与图看的话,会发生"地变成图、图变成地"的反转现象,相当有趣。

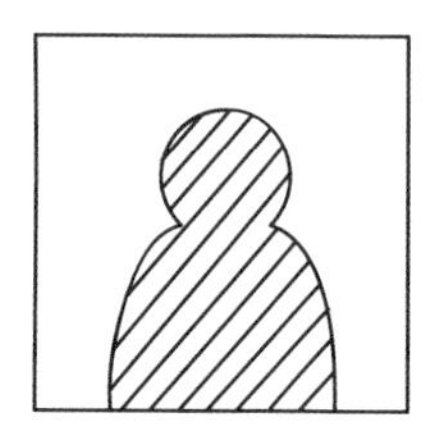

430 | 崇拜的家

建筑有时候会成为一种被崇拜的对象。所谓的宗教建筑正是如此，当建筑将历史的真相解开，它所带来的影响将无法估算。另外，虽然崇拜的对象各式各样，但随着对日常生活所造成影响的不同，会让建筑的定位也跟着不同。崇拜，乍看是一个非常难处理的议题，因为崇拜行为会影响建筑的呈现。相反地，建筑身为崇拜的场所，会为崇拜行为灌注力量，成为不可缺少的存在。去参访寺社建筑或教会时，想想看：哪些重点思想可以通用于住宅设计之中？

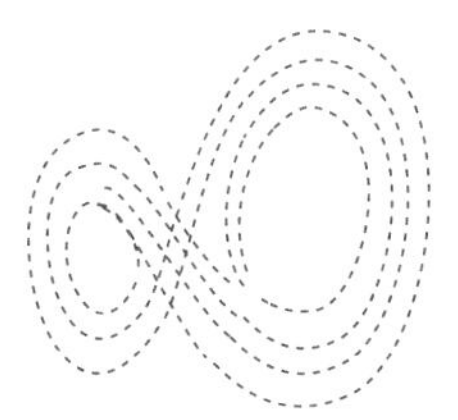

431 | 混沌的家

混沌是一种乱七八糟、没有规则的混乱状态。脑中一片混乱时，就是这种感觉。曾经有人将脑中一片混乱的抽象感觉具体化呈现在建筑上。这种混沌的表现，并不是刚搬家时家所呈现的凌乱混沌。搬家所造成的混沌，是东西太多却没有足够收纳空间所造成的，这是由于缺乏壁橱造成的东西的混沌，而不是建筑本身的混沌。反观建筑物的改建，会将新与旧、内与外、美与丑混杂在一个建筑里，是比较符合“建筑混沌”的定义的。

432 | 表里的家

一个面有表里之分。不管看到哪一面，我们很习惯就认为它是表面。其实很多时候，表面与里面的分别，在于面的强弱之差。建筑物的面之中，有作表面美化的是“表面”，没有表面美化的就是“里面”。另外，像建筑物这种“非面状物体”，也有表、里的区别。例如正面玄关、背面出口等，就是依“眼前接近的”与“后面深处的”来排序，再用“表与里”的说法，来说明位置的区别。

【实例】T HOUSE／藤本壮介

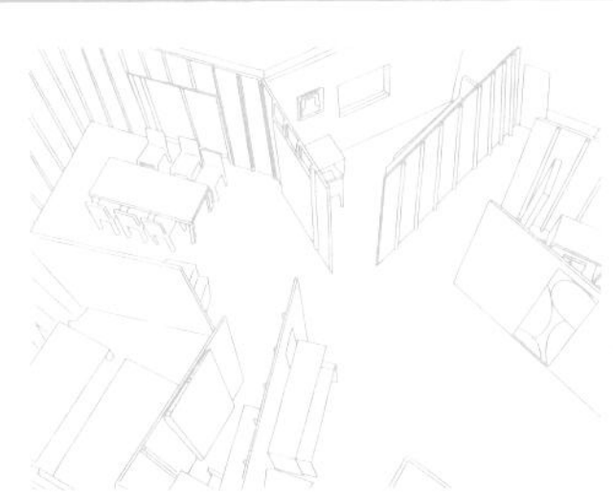

T HOUSE

设计：藤本壮介

这间个人住宅建于群马县。内部的隔间墙面一边全部涂白，另一边则露出墙体结构的木条。被清楚定义表与里的墙，其平面配置非常特别，如同在画布上画出放射线一样，墙体从中央向外呈放射状搭建。

433 | 疏密的家

若说建筑计划是"操纵东西的疏与密"，一点也不为过。而核心建筑是计划正中央的高密度物体。建筑之中，有各种层级的疏密存在：有眼睛看得到的疏与密；也有人的移动与集中所造成的疏与密。材质的疏与密，在住宅设计上也清楚地被区分。断热材料是"疏"的代表，它充满空隙的内部，可以储存空气、吸收噪音、调节湿度，是非常具有功能性的。而结构材料则是"密"的代表，因为越密实才会越坚固。

434 | 正面性的家

建筑的正面，往往指的是面对马路的那一面，这个面具有某种正面性外观。相反的，这以外的面不具有正面性，它们有些具有正面特性的延伸，有些则与正面呈现完全不同的样貌。尤其是侧面与邻居共有的连栋住宅或是墙壁完全与隔壁紧黏的长屋建筑，都只有正面可以发挥。面对着可以说是建筑物的面子的正面，要如何表现才好呢？

参考：招牌建筑

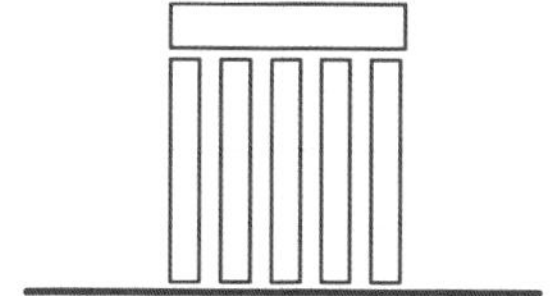

435 | 妥协的家

有个必须达成的目标，当朝着目标前进，却不小心走到完全不同的方向时，我们可能会消极地这么说："找找看可以妥协的点……"或"这一部分妥协一下吧……"。这里还是希望大家能转换成积极的想法。设定好的目标真的正确无误吗？有许多坚持的建筑里，势必会面临更多需要妥协的局面，这个时候，不正是回头重新审视的好机会吗？我们可能会发生这种状况：专注于麻烦难解的问题点，但其实这只不过是大部分的人觉得不重要的地方，因而忽略掉比这个更重要的问题，被周围的人说成是固执己见。

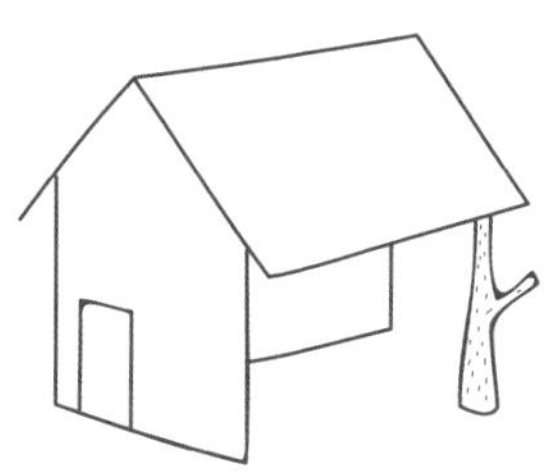

436 | 拟人化的家

建筑物的矗立，就像人站立一样。建筑的悬臂梁上，若放有重物，看起来就像拿着很重的东西一样。原本我们就很容易把家拟人化，为家塑造一个能抵挡风雪、承受重物的形象。将家拟人化成“轻浮的家伙”、“认真的人”、“淑女”等角色试试，说不定建筑因此能产生新的特征。人的头、脸、身体、手脚，在建筑上会代表哪些部分？它们的运作又会是怎样的情况？试着针对每一个拟人化的部位去思考吧！

437 | 人体尺寸的家

“尺寸、尺寸……”建筑界里，尺寸这个关键词就像咒语一般被吟诵着。我们很清楚：当建筑物以一定的规模存在时，尺寸就理所当然地显得重要。如果是用来当成家的建筑，因为人类会在这里生活，所以这个空间势必会以人体尺寸为基准。例如，楼梯的级高、走廊的宽度、窗户的高度、椅子的高度、厨房料理台的高度等，都是如此。让我们实际在空间中移动看看：站起来、跨步走、伸伸手，一边移动身体，一边以这样的尺寸为标准，去制造一个符合“人体尺寸的家”吧！

参考：人体尺寸模具／勒·柯布西耶

438 | 颜色的家

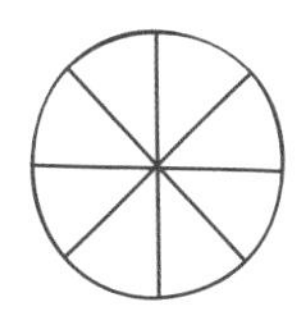

颜色，以彩虹的7个颜色为代表：从明亮到晦暗、从高彩度到低彩度，颜色的变化多端给人无以计数的感觉。另外，颜色会随着搭配、组合的不同，呈现“彼此相衬”或“彼此相违”的效果，众多颜色排列组合后，更增添了颜色在层次上的变化。我们会随着空间特质的不同，涂上不同的色彩；或单单因为个人喜好不同加上不同颜色。另外不只是空间，连家具、小东西、服饰、植物、水果等，都以各种不同颜色存在，为生活增添不少色彩。有些颜色会带给空间威胁感，有些颜色则会让空间显得更朝气蓬勃！

【实例】施罗德住宅／吉瑞特·托马斯·里特维德（Gerrit Thomas Rietveld）

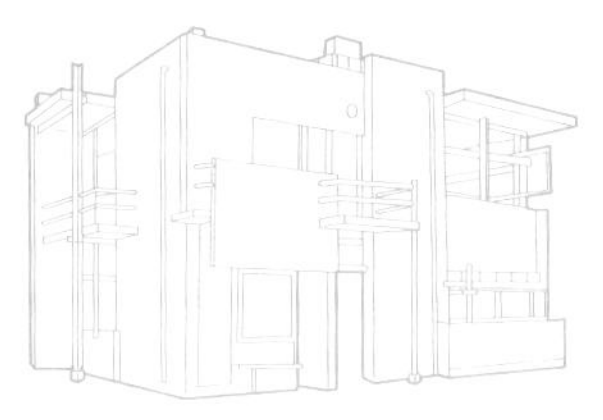

施罗德住宅

设计：吉瑞特·托马斯·里特维德（Gerrit Thomas Rietveld）

这栋个人住宅位于荷兰乌德勒支住宅街里，外观以白色为基调，将建筑的每个部分涂上色彩丰富的原色。并利用灰与白的对比产生景深感。室内的可动隔墙与家具等许多地方，也同外观一样被涂上各种的原色。各处的细节都展现了身为家具设计者的里特维德的创意与匠心。

439 | 箭头的家

箭头具有两种不同的意义,一种是"表示方向"的意义,另一种则是"指示东西"的意义。不管哪种意义,箭头都被当成是记号的一种,只是扮演的角色不一样而已。箭头是简单记号的代表,正因为它很简单所以容易被大家理解。特别在道路指标方面,扮演着举足轻重的角色。在建筑图上也被广泛运用。看到身边有箭头存在时,想想看:它指的是什么?运用东西或形状也无法清楚说明一件事时,就必须运用箭头来说明。

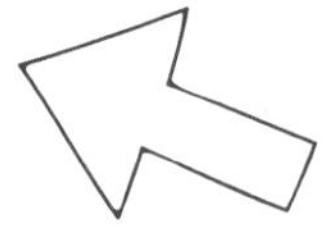

440 | 方向的家

东西会朝着什么方向呢?随着方向的不同,东西的表现也大不相同。拿建筑为例,随着整体方位的不同会产生不同的条件,因此我们知道方向对建筑有非常重要的意义。即使是建筑中一小部分的窗户,也会因其面向的不同,而产生微小的差异。方向具有标示对象物所在位置的功能。思索建筑设计:以什么为基准?将建筑朝向哪里?当寻找这些答案时,也会渐渐看清自己的兴趣在哪一个方向。

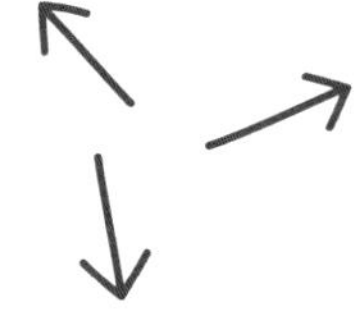

441 | 脉络的家

说到"脉络",建筑里有许多令人不得不问为什么的地方:为什么采用这种造型?为什么形成一种吸引人走进去的氛围?为什么是这种大小?欣赏完建筑,人们会被许多"?"包围,其中当然包含了许多自问自答的过程。为了回答这些疑问,脉络就变得非常重要。但是,太过依赖脉络、乱用脉络、错读脉络,将会使疑问更难解。首先,把既有观念拿掉,客观地、真诚地进行问与答的对话。这么一来,所得到的答案一定可以与设计的方向性、输出后的表现紧密相连。

442 | 看法的家

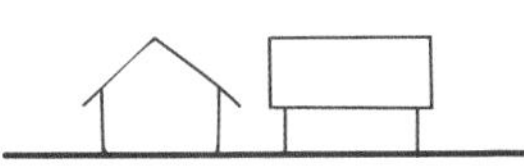

你能感觉到从某处向你这里投射的目光吗？思考“看的方法”的同时，密切相关的“被看的方法”也应该注意。从远处看或从近处看；从正面看或从斜方向看。身在马路或轨道之中，移动的同时会看到马路与轨道的近景。但从空中鸟瞰才会注意到：“哇！原来马路与轨道呈现这种形状啊”。将观看角度、解析度（与观看对象的距离）设定完成后，映入眼帘的将会是姿态完美、颜色饱和的最佳状态。

443 | 归纳的家

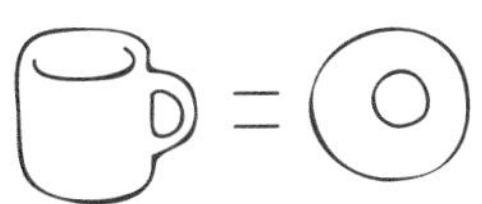

以“归纳”的角度来设计一个家吧！在归纳的世界里，咖啡杯与甜甜圈被视为是同样的东西。要找出空间与东西的关联时，可以练习使用“归纳”这个方法。试着将既存的建筑空间归纳一下，像好几个甜甜圈连在一起的空间几乎没有。建筑中，有着大小、功能、构造等许多规范存在。因此，偶尔将事物以大方向来拿捏，是非常重要的。将空间的关联与关系大致区分后，试着去挑战一下无法被分类的空间！

444 | 节奏的家

说到与建筑相关的节奏，首先让我们想到早上、中午、晚上、春夏秋冬等这一类大自然的节奏。住宅计划，是为了与这些节奏相呼应而进行的。这种自然节奏与音乐节奏一样不可或缺，都具有感动人心的功能。住宅中的楼梯就是以“同样的东西一直反复”的方式呈现，其他像柱子、地板、基本单位材料等，也都以反复的形式存在着。如果有反复的事实，而我们却无法感觉到反复所产生的节奏，那很可能是因为反复的方式都一模一样所致。偶尔将基本单位的重复呈现错开，让其他单位插进来调和一下，将会产生不错的韵律感！

【实例】多摩美术大学图书馆／伊东丰雄

多摩美术大学图书馆

设计：伊东丰雄

这个以混凝土圆拱为构造主体的图书馆，建于美术大学的校区之内。圆拱的间隔以一种韵律极佳的方式变化着，为空间创造轻快且新鲜的氛围。建筑平面呈现微弯的弧形，为空间带来一种律动感。与曲面墙相同曲率的曲面玻璃在同一个面大片地呈现，是建筑外观的一大亮点。

445 | 部分与全体的家

全体的框架之中会产生出部分，或是许多部分集合之后会产生出全体。举例来说，"人体是由细胞集合而成"的看法正确，还是"人体里有无数个细胞存在"的看法正确？建筑上，部分与全体的界线在哪里？建筑横跨了各种缩尺，有时候是二次元，有时候是三次元，总之，建筑是在部分与全体之间来回设计、修改而得以完成的。让我们针对部分与全体的新关系，好好地作思考吧！

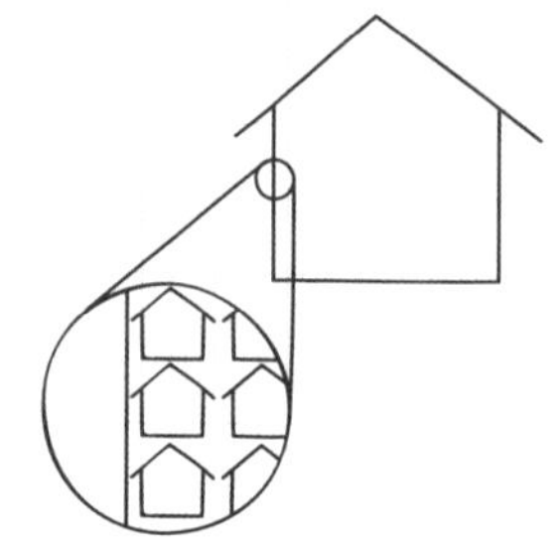

446 | 定数与变数的家

在思索家的形式与体量之前，这次就将方法改变一下，从相关性来思考如何？"家与〇〇"的关系式，其中〇〇是什么？是住宅内外的某个东西吗？是住宅里的某种生活形态特质吗？是住在里面的人吗？或是周遭环境造成的某种现象。这时，试着设定一下定数与变数吧！把什么当成定数？把什么当成变量？从自身的立场来自问自答，这个答案会如绕圈圈般，定数与变量会很有意思地绕着变化。当定数与变量的式子列好后，剩下的只是实际运算了。

447 | 构成的家

构成，简单来说，如同平面构成、立体构成一般，可以是视觉上的构成，也可以是显示使用状态与功能的计划上的构成。不管是视觉上的构成还是计划上的构成，当构成状态很精实时，对建筑来说都是好的；相反的，当构成状态很松散，会让建筑整体都乱了套。让我们想想：住宅之中各式各样的条件，如何相互组合、构成呢？将构成照自己的喜好拿来重新调整、替换一下，说不定会有快乐且刺激的结果产生。

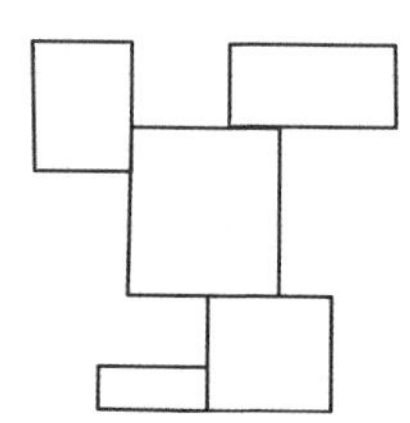

448 | 记忆的家

想忘却忘不掉。已经忘记却又突然想起。就像人有记忆一样，建筑物也有记忆。把小学改建成民宿，把牛舍或发电所改装成艺廊、美术馆。当置身于这种改建后的建筑中，你所体会到的是光靠合理性无法产生的异质感，这个异质感让你觉得很舒服，很新鲜，很愉快。而且，到目前为止在这土地上生存下来的建筑的丰富余韵，好像已经被这片土地给记忆下来一般。让我们针对这个非常难用言语与形式来表达的记忆，作一番思考。将古老民宅移到另一个地方再建的文化，就反映了珍惜记忆的特性。

449 | 对立的家

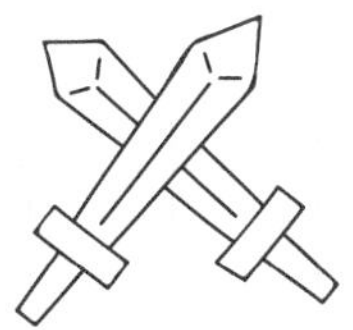

这是个追求调和与协调的时代。正因如此，让我们想想“义无反顾的对立”是什么情况。政治上、过程上、料理上、当然还有建筑上，当各自的主张与理念对立时，会形成激烈撞击的异议情况，无形中让业界都因此活化了起来。住宅之中许多事物往往先被要求其关联性，其中有许多切也切不断的关系。在这种情况下，试着制造对立，重新去创造一个令人血脉贲张的家吧！

450 | 波动的家

波动，就是以某个平均值为基准，做上下变动。建筑上这些不规则的振幅或是与平均值相去甚远的变异，会以怎样的现象呈现呢？波动有时候会给人不安定的印象。一般来说，建筑物是不会摇动的。但另一方面，建筑中所发生的人的生活、随时间变幻的光线、风动、温度等会借由建筑物所产生的波动现象，影响建筑内外形式、细节等许许多多的建筑设计相关操作。将建筑视为有效能的机器，并抓住这部机器波动的特性，应该相当有趣。

【实例】House S／平田晃久

House S

设计：平田晃久

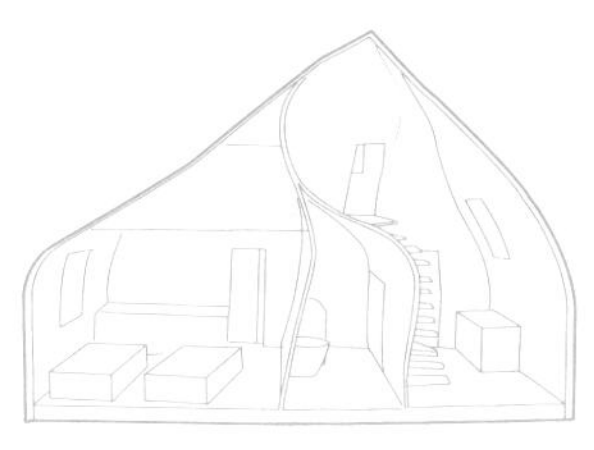

这个住宅计划案，以有机的二次元曲面构成是此案最大的特征。住宅的剖面，像是传统的“家型”经摇晃后变成的柔软的曲形空间。将空间作区隔的隔墙，也各自呈现波动感，这种状态直接影响了相邻两个房间的空间体验，非常有趣。

451 | 光的分布·亮度差异的家

我们所理解的物体，是透过照射在物体表面的光反射后所呈现在我们眼前的样貌。并且，立体物随着亮度差异的不同，会给人完全不同的印象。光线很强的时候，阴影就特别明显，东西就特别显得真实；相反的，在冬天多云的天气下，东西的轮廓无法清楚呈现，给人仿佛置身幻想世界般的感觉。我们下意识地会觉得：亮度差异小的空间是室内空间；亮度差异大的空间是室外空间。如果相反的话呢？这也许会变成一个有趣的设计！

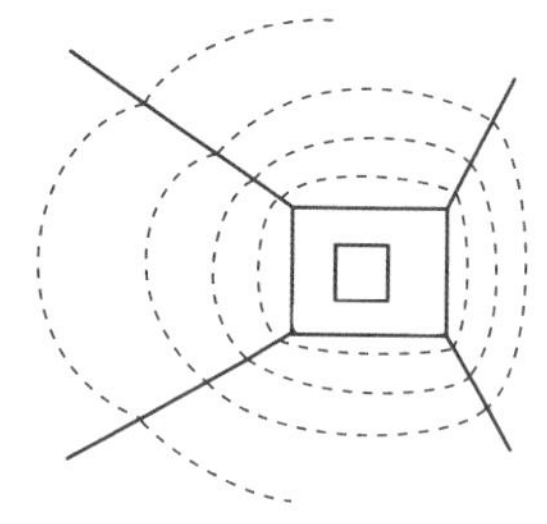

452 | 透视的家

庞大的建筑物在完成之前，其实很难用任何表现手法来呈现。人类的知觉比起三次元，二次元是比较容易表现也比较容易理解的。因此，人们会习惯性地将映入眼帘的立体情报转译为平面情报。这个转译法，就是透视。画画或作图时，一样大的东西，如果放在眼前，就被画得比较大；如果置于远处，就被画得比较小。同样地，透过水平、垂直、平行的操作，会让空间看起来比实际更宽敞或比实际更狭窄。视觉上所呈现的空间大小，若与视觉以外所体验的空间感有所落差的话，刻意去制造这个落差的空间，将是怎样的空间呢？

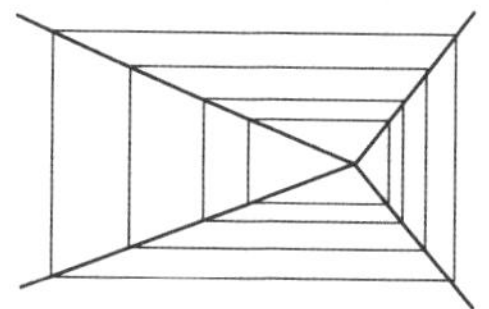

453 | 规模的家

从照片来看建筑，或从远处观看过建筑后，当实际靠近建筑、体验建筑，会发现它比想象中更大或更小。要如何去感觉某种规模的大小？当我们对于对象物有基本的认识时，或是对于对象物与其大小有所了解时，去想象它的规模就相对容易。如果一个建筑没有门与窗，我们就无法透过判读门窗的大小，去度量建筑的规模。觉得很大吗，还是觉得很小呢？有没有一种有趣的设计，让我们必须重新审视自己的感知规模呢？

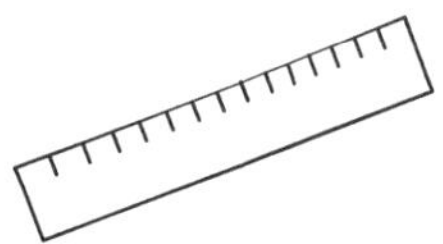

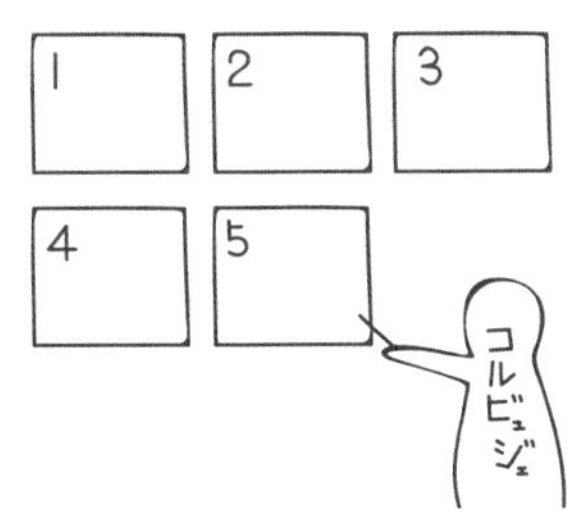

454 | 现代建筑五原则的家

广为人知的“现代建筑五原则”——底层架空、屋顶花园、自由平面、水平连续窗、自由立面，是由柯布西耶所提倡的。积极运用这个原则所提及的新技术，并用铁、混凝土等材质呈现，会让建筑物明亮且健康的形象更显像化。这五大原则非常有名，时至今日仍到处被引用、吸收，是非常强韧的原则。这五个有点年代的原则，将形态具体规定，因此非常好用、也经常被使用。要不要试着提提看：不输这五个原则、更加自由创新的新原则呢？

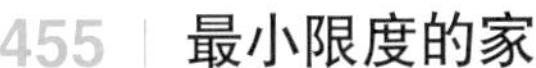

455 | 最小限度的家

这是在必要范围内，以最小限度为目标的手法。这个手法重视机能、排除不必要的装饰，因此创造出来的东西就像以机能为目的一样，显得非常简单，甚至一般情况下被视为必需的东西也被拿掉。在最小限度的世界里，装饰必须具备某种功能，不能是无意义的装饰。从什么观点来解释“最小限度”呢？让我们重新审视机能与形式的关系后再次思考“最小限度”的意义。

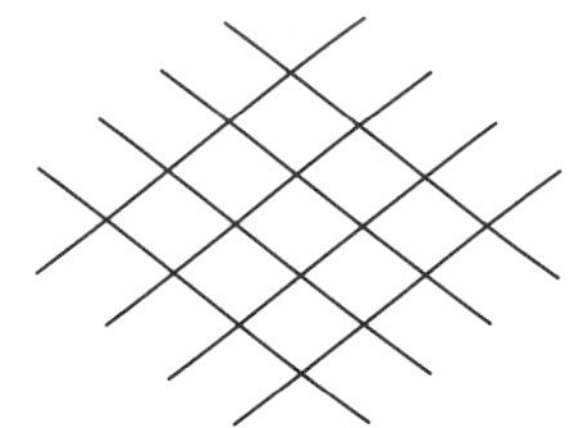

456 | 格子的家

大部分的建筑计划，都是在某种形式的格子上完成的。因为建筑是从单位化的建材组合搭建而成，所以用格子来表现是相当必然且合理的。不只建筑，许多东西在平面作图上都能透过格子呈现不错的效果。但格子有时候却成了限制，让作图的自由度降低。有些格子会均等呈现，有些格子则内含对数概念不均等呈现。像蜂窝状，这种多角形所排列而成的图形，也是格子的一种。围棋、象棋、西洋黑白棋等，就是以格子为基准来进行游戏的。格子游戏，可以让我们想到什么好创意呢？

【实例】法西奥大楼 / 朱赛普·特拉尼(Giuseppe Terragni)

法西奥大楼

设计：朱赛普·特拉尼(Giuseppe Terragni)

这个建筑于1932年完工，用中文来说明的话，就是法西斯的家，是为了成为党事务所而建的。此建筑的平面与立面全都沿着1：2比例的格子形状来规划，成为整栋建筑的最大特征。长方体建筑的四个面，虽然各有不同的设计，却有秩序地运用相同的格子来构成。现在这栋建筑成了国境警备总部。

457 | 规律的家

建筑中充满着规则(规律)。构造、设备、法规等范畴里有各式各样必须遵守的规律。建筑设计,就是为了去一一符合这些规律,而重复着设计、修改的过程。但是,重要的不是去记住有哪些规定,而是去探究为什么会制定这样的规定。在这里,我们除了重新审视既有规定的重要性外,也来想想打破规定的可能性。找出自己独有的新的规则,这将与你的作风和理念息息相关。

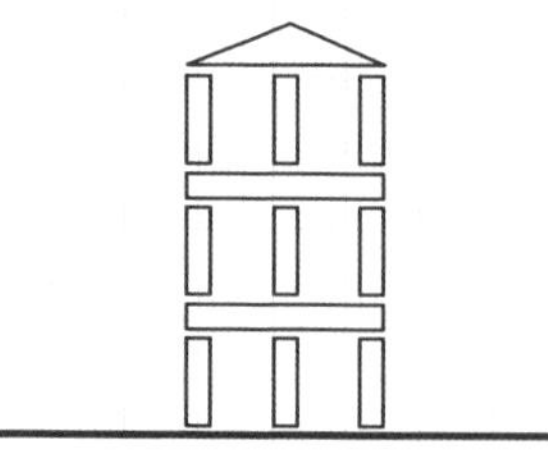

458 | 人体的家

近来,随着信息与服务的便利化,我们变得很少去活动身体了。一早晒晒太阳,感觉身心舒畅,在客厅沙发上伸伸懒腰,为了要去楼上,于是爬上楼梯。这些在建筑里的体验,都是身体上的体验。另外,建筑可以看作是人体机能的扩张。外墙就像皮肤一样,让外部严峻的环境不至于伤害我们;比人还高大的建筑,让我们可以享受如鸟一般的高空眺望视野。将建筑视为"打破人体限制,让人体机能无限扩大延伸",一点也不为过。

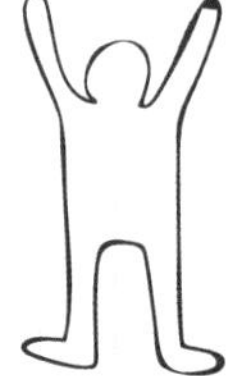

459 | 黄金比例的家

黄金比例,这么一个夸大的名字,让人觉得它是充满魅惑的比例,伴随绝对的美感而来。举例来说,像帕特农神庙的直与横、金字塔的底与高,就呈现着黄金比例。其实身边唾手可得的名片,也是依黄金比例来裁切的。这个比例被广泛运用在许多地方,所以依此比例呈现的形式让我们觉得很亲切。之所以称之为"黄金",是因为其中隐含了数学上的根据。当我们把黄金比例的长方形裁成正方形时,裁切剩下的部分是一个比较小的黄金比例的长方形。以此类推,不停地裁切下去,就会有许许多多的黄金比例长方形冒出来。就像让古典音乐与流行音乐间的距离缩小所下的功夫一样,如何轻松地将古典的黄金比例呈现在现代建筑中,值得我们去思考。

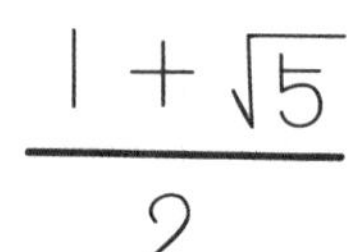

$$\frac{1+\sqrt{5}}{2}$$

460 | 高度的家

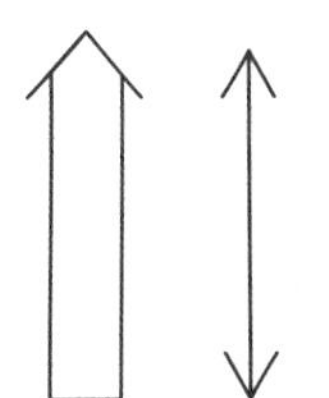

以相同的距离来说，垂直拉出的距离感，远比水平拉出的距离感更让人觉得遥远。而向上拉出的距离，又比向下拉出的距离，给人更远的感觉。越高的地方视野越开阔。都市计划常运用此手法，将建筑物往上堆高，在有限的基地上创造空地。但是高会对周遭造成影响，尤其是想到高的东西所产生的长长阴影时。周遭环境中只有自己是高耸的体量时是欠缺对周遭的顾虑的。远离地面生活应该也不是完全没有缺点的。我们需要针对高的优点与缺点好好思考一番。

461 | 差异的家

用某个观点去比较两个以上的东西时，可以发现它们的差异，也可以将其优劣比较出来。像集合住宅般具有反复性的东西，如果添加一点差异就马上变得有个性、变得生气勃勃。要拿建筑的什么要素来作比较呢？通过比较，可以发现有趣的事实吗？被比较的对象，处于怎样的状态呢？同样大小的开口，由于空间的体积与墙壁的质感的不同，所呈现出的明亮感就完全不同。如果用厚重的墙来区隔两个空间，这两个相邻空间的距离感，马上会变得不同。希望大家都能找出影响差异的新的关键。

462 | 重心的家

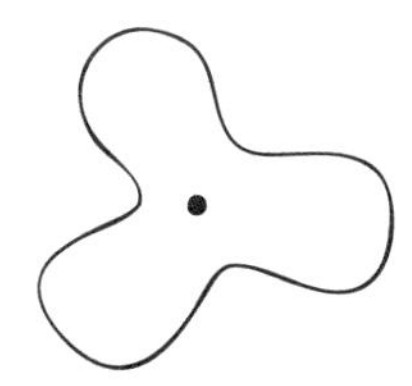

练习合气道时，会以人的重心——肚脐以下部分为中心。这个中心在打合气道时扮演着重要的角色。建筑里的重心在哪里呢？有偏重物理观点的构造上的重心，也有空间上的重心。另外，有以一根轴线为重心的，也有以好几个保有平衡感的东西为重心的。注意各式各样的重心的同时试着去设计一个不会晃动的建筑吧！

【实例】八王子研讨大楼／吉阪隆正

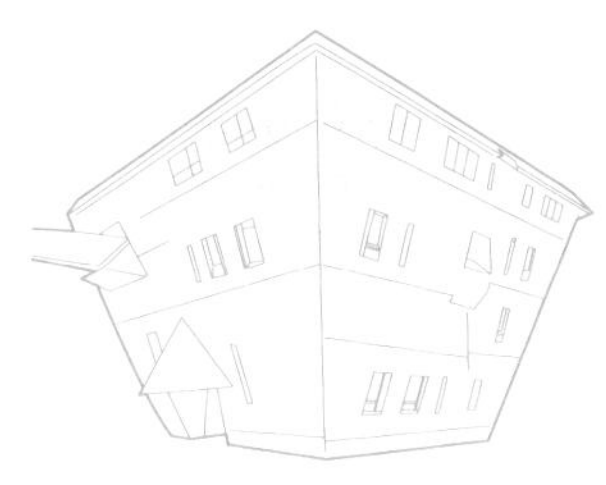

八王子研讨大楼

设计：吉阪隆正

这是东京市区好几所大学共同设立的研修大楼，建于 1965 年。用混凝土盖出倒金字塔形的外观，就像金字塔倒插入地面一般。强调“重心感”的外观是这个建筑最大的特征。建筑内部有许多挑高空间，挑高空间彼此相连呈现出开阔的空间感。

463 | 超大平面的家

超大平面，原本是从现代美术概念延伸而来的，也适用于建筑的许多地方。可以说在"图面"这个平面世界里，建筑占有举足轻重的地位。当然，建筑最后成形的是立体的东西，但建筑过程与理念却大都用平面来表现。如同柯布西耶所提倡的"骨牌系统"与密斯所主张的"全球空间"所强调的平面无限扩张形式，时至今日依旧被广泛地运用着。在这里让我们针对新的平面概念去思考一下。

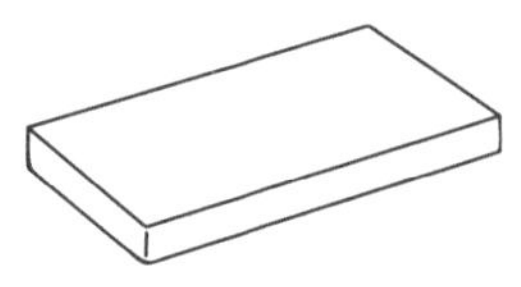

464 | 细节的家

建筑之中，有许多问题发生在材料交接处或尾端。整体的构成或特定的材料使用方面，随着其细节程度的不同，整体意义也变得完全不同。以服装为例，两条相同布料的裤子，一个底部保留着剪刀剪过后的痕迹，线头垂吊；一个仔细地将底部反折缝好，这两条长度一样的裤子，给人完全不同的印象。建筑施工时，许许多多建材堆积起来，重量惊人，所以要求材料要有一定程度的建筑强度。另外，根据场所的不同，隔音、防水、防火的性能也被要求。去思考众多的细节问题，虽然是一门苦差事，但却非常重要。

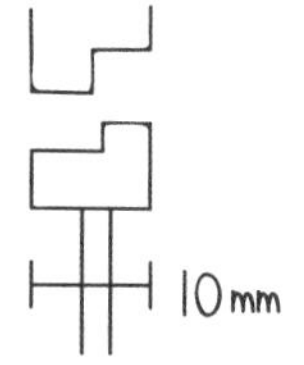

465 | 图形的家

图形，是为了说明东西间的关系所画出来的图。通过图形，可以将细节省略，让关系性更加明确。当我们在画建筑草图时，会用图形来简化关系，进而思考。希望大家不要忘掉：图形本身漂不漂亮并不重要，重要的是关系性能否透过图形，被解释得更清楚。是先有图，还是先有空间？我们最好经常把这个问题拿出来思考：这个图形，是为了什么而画的？

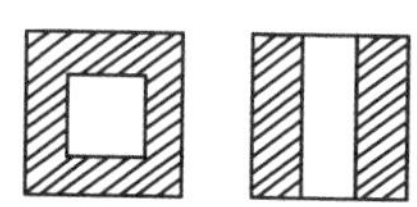

关于“每周住宅制作会”

“每周住宅制作会”，如字面所示，就是打着“每周制作住宅”的大旗，根据每周所制订的主题，做出简单的图面与模型，然后大家依序发表、互相指教。就是所谓“为了设计出建筑形式而反复练习”的活动。

喊着“坐而学不如起而行”的口号，这个会在1995年的东京理科大学工学部神乐坂校舍，踏出了第一步。时至今日，广岛、福冈、名古屋、群马、茨城、新潟、宫城等全国各地，都可以看到此会自由且自然地持续扩展。现正活跃的年轻建筑师之中，许多都曾参加过“每周住宅制作会”。

只是，如果没有统整活动的组织，处理议程的规则或惯例也就不存在。“谁都可以轻松地参加”是此会的基本宗旨。下一页中，广岛分部与九州岛分部的“每周住宅制作会”学长们，将为我们介绍这个活动的内容与意义。我们可以从中了解：每个分部都是各自发展、自由进行“每周住宅制作会”的。

如果你也想参加看看，可以与下列正在活跃中的“每周住宅制作会”分部联系，去体验一下活动的气氛。当然，也可以参考本书第8页的演习方法，自行组织并体会制作会的乐趣！

“每周住宅制作会”的内容与意义是？来听听各分部的学长怎么说吧！

即兴的发挥与终结的乐趣，是此会甘美的醍醐味　　广岛分部学长·高桥将章

大三的时候，因缘际会认识了东京总部的创始成员，在得知这个会存在的同时，我们便不管怎样先做再说，一股脑地投入下去。虽然知道这个会的存在，但不是很清楚详细的运作细节，于是我们自由自在地一边摸索，一边统整组织、制定规则。

“每周住宅制作会”基本上就是在自由自在的气氛下进行，不需在乎别人眼光而能尽情自由议论。议论时，批评与评价不是来自于大学的教授或年长的前辈，而是身边的同伴。这造就了令人意外的刺激与鼓励。针对主题的议论，也变得非常有意义。正因为每次的主题都是与会成员自行决定的，所以更加彰显它的创意与趣味。这让会员养成了平时探究主题、以自己的观点解读建筑的习惯，这对之后的毕业设计或其他设计活动，产生了很大的帮助。

我觉得“每周住宅制作会”最大的魅力所在，要算是它的“即兴创作感”。

实际的建筑物在完成之前，理所当然要花费许多时间。即使是大学的作业，也得花好几个月绞尽脑汁才能完成，所以中途改变方向的话，将需要很大的勇气。而且，往往会因为太在乎周遭的评价而显得患得患失。比起来，在“每周住宅制作会”上思考设计的话，即使是模糊的设计概念，一周后就必须成形、提案。有时候甚至在提案前的几个小时才开始着手设计。把刚完成的热腾腾的图与模型拿到台上，趁着还没冷掉的时候作提案。对于这样的提案评价，也是现场同伴们最直接感觉到的第一印象。因此，这与学校作业不同，不用被许多眼光评断。所以当自己的创意有点不足时，也不会因此受重伤。这样的作品，就像是拿出来试试现场伙伴们的反应一样。这种即兴的发挥与终结的乐趣，是“每周住宅制作会”最甘美的醍醐味！

成立一年之后，广岛的“每周住宅制作会”举办了一个小型的展览。许多人从官网知道我们的活动，甚至特地从东京来参与的也有。还有人参观完后，回到当地设立此会的分部呢！这一段时间，成员之中也渐渐出现参加竞赛且入选的例子。从“不管怎样先做再说”这个想法开始到现在，已经不知不觉增加了许多知识，这样的结果鼓励着我们，让我们变得更有自信。为了去研究所读书而离开广岛的成员将会在新的天地设立新的分部，之后将会以各种形式，将各地的活动串联在一起。广岛的“每周住宅制作会”，今后将以更自由的方式进行下去。

不限规模，以全国为舞台来经营与挑战　　九州分部学长·园部晃平

九州岛分部，以设计者的养成为目的，让成员可以培养更宽广的创意与思考模式，从2000年开始到现在，持续地进行活动。九州岛分部与其他分部一样，针对被设定的主题，用A4大小的图面与模型，将脑中的视觉印象，直接在现场输出、表现。然而，九州岛分部有两个别人没有的主要特征。其一是，设计对象不限住宅。面对某个主题，发想出的创意规模有各式各样，有些人因此创作家具，有些人因此提案了都市容积分配规则。我们不论规模大小，都可作为设计提案。

另一个特征是，以全国竞图的题目为重心，去挑战竞图案，成为独特的经营模式。"每周住宅制作会"不管哪个分部，都以去思考竞图题目、在竞图案中得奖为目的。但是九州岛分部，如何在全国有志于建筑的3万人同世代中生存下来？不希望只是自我满足就结束，想得到第三者的评价，要怎么做？想从九州岛这个地方都市站上全国舞台，要怎么做？以这个念头开始，当有主要竞图比赛时，将竞图主题设为会期主题，连续几周都以同一个主题来进行活动。例如，第一次会针对以竞图题目来设计的每个案子的优点，进行讨论；第二次会叫大家把第一次所提的案给破坏，然后再提新的。或者，将完全不同的主题所衍生的方法套进来，之后，再将其升华成符合竞图主题的提案。

另外，我们不是共同提案，而是让大家意识到一个人独立完成后，接受挑战。这具有培养设计人才的意义，同时，将"谁、把什么、做到什么程度"等事项明确化，让得奖的能力与评价变得更好。

对于刚开始学建筑的学生，参与"每周住宅制作会"会让建筑设计变得容易上手，以全国为规模各处展开。进行活动时，将想法实现在建筑上，是相当需要能力与力量的。但是，这个将梦想无限延伸的训练，的确让我们产生了"实现梦想的力量"，并酝酿出"超越困难的勇气"。

图书在版编目(CIP)数据

建筑设计的470个创意&发想/[日]每周住宅制作会著；吴乃慧译. —上海：上海科学技术出版社，2014.2（2017.2重印）

ISBN 978-7-5478-2039-1

Ⅰ.①建… Ⅱ.①每… ②吴… Ⅲ.①建筑设计 Ⅳ.①TU2

中国版本图书馆 CIP 数据核字(2013)第250593号

Original title: 建築デザインのアイディアとヒント470 by 每週住宅を作る会
First published by 株式会社エクスナレッジ

建筑设计的470个创意&发想

[日]每周住宅制作会 著
吴乃慧 译

上海世纪出版股份有限公司
上 海 科 学 技 术 出 版 社 出版
(上海钦州南路 71 号　邮政编码 200235)
上海世纪出版股份有限公司发行中心发行
200001　上海福建中路193号　www.ewen.co
苏州望电印刷有限公司印刷
开本 890×1290　1/32　印张：5.5
字数：200千字
2014 年2月第 1 版　2017 年2月第 4 次印刷
ISBN 978-7-5478-2039-1/TU・189
定价：35.00元
